Michael Shoikhedbrod

Processo de eletrólise da água 24/7 sob a influência da energia luminosa

Michael Shoikhedbrod

Processo de eletrólise da água 24/7 sob a influência da energia luminosa

Processo de eletrólise da água 24/7 em tecnologias avançadas sob a influência da energia luminosa

ScienciaScripts

Dedicado a

A minha família:
Irina, Igor, Ariel, Elena e Aiden

C O N T E N T O S

INTRODUÇÃO

<u>*Mecanismo teórico do processo de eletrólise da água 24/7 sob a influência da energia luminosa no* painel *solar*</u>

Todos os métodos e dispositivos tecnológicos avançados anteriormente desenvolvidos pelo autor para a dessalinização, purificação, concentração e produção de gases de hidrogénio e oxigénio, garantindo o funcionamento ininterrupto de um motor de veículo elétrico, utilizando o processo de eletrólise da água, praticando o impacto da energia dos raios solares num painel solar como fonte de energia.

O autor, juntamente com o desenvolvimento de um mecanismo molecular de conversão da energia do impacto da luz solar sobre um painel solar em energia de eletrólise da água num dessalinizador, electroflotador, electroflotador-concentrador e electroflotador-gerador, desenvolveu um mecanismo para o fluxo contínuo do processo de eletrólise da água nestes dispositivos devido ao impacto alternado da luz solar no painel solar durante o dia e ao carregamento simultâneo da bateria da lâmpada, que inclui um LED, o LED desligado durante o dia, o LED ligado durante a noite, a bateria, e o impacto da luz do LED da lâmpada, alimentada pela bateria carregada da lâmpada, no painel solar durante a noite.

<u>*Implementação do curso 24/7 de métodos previamente desenvolvidos de dessalinização, purificação e concentração industriais, de tipo contínuo, sob a influência da energia luminosa em painel solar*</u>

A utilização do mecanismo acima descrito teoricamente do processo de eletrólise da água 24 horas por dia, 7 dias por semana, sob a influência da energia luminosa no painel solar, permite ao autor a criação ininterrupta num dessalinizador, electroflotador, electroflotador-concentrador especialmente concebido, alimentado por um painel solar, do processo ininterrupto de eletrólise da água ou de uma solução aquosa, permitindo a geração de bolhas de hidrogénio de eletrólise microdispersas e carregadas negativamente, controladas em tamanho e intensidade de geração, pela tensão fornecida pelo painel solar aos eléctrodos do electroflotador, o que permitiu ao autor desenvolver uma tecnologia avançada de dessalinização ininterrupta [1]; tecnologia avançada de tratamento contínuo de águas residuais da produção galvânica, da produção de leite e da indústria de pasta e papel [2]; tecnologia avançada de concentração contínua de fitoplâncton da água "verde" do lago num ciclo ecológico fechado, que não só repõe a água doce no lago, mas também é eficazmente utilizada para remover o dióxido de carbono, o sulfureto de hidrogénio, enriquecer o ambiente com oxigénio e produzir biocombustíveis de alta qualidade [3]; tecnologia avançada de concentração contínua de sumos [4].

Implementação do curso 24/7 do método previamente desenvolvido de geração contínua de hidrogénio e oxigénio gasosos e funcionamento ininterrupto do motor elétrico sob a influência da energia luminosa no painel solar

A utilização do mecanismo acima descrito, teoricamente, do processo de eletrólise da água 24 horas por dia, 7 dias por semana, sob a influência da energia luminosa no painel solar, permite autorizar a criação de uma eletrólise da água comum 24 horas por dia num electroflotador-gerador de tipo contínuo de duas câmaras especialmente concebido, alimentado pela energia luminosa da lâmpada interior de um veículo elétrico, que actua no painel solar, levou à produção ininterrupta (poupança de energia) e contínua de hidrogénio e oxigénio gasosos que alimentam ininterruptamente (poupança de energia) e continuamente a célula de combustível de um veículo elétrico para o seu funcionamento contínuo e ininterrupto do motor, devido a uma base de eletrólise especialmente concebida do electroflotador-gerador, que inclui uma membrana feita de material de mangueira de incêndio, colocada entre os eléctrodos, e um mecanismo para ajustar o espaço entre os eléctrodos, localizado na parte inferior de um electroflotador-gerador de duas câmaras especialmente concebido.

O electroflotador-gerador de tipo contínuo de duas câmaras desenvolvido, alimentado pela energia luminosa da lâmpada interior de um veículo elétrico, que actua no painel solar, funciona continuamente em ciclo fechado: tanque com

gerador de água + hidrogénio: formação de gases de hidrogénio e oxigénio + carregamento da pilha de combustível e funcionamento do motor do veículo elétrico + água gerada + depósito com água normal.

A produção ininterrupta (com poupança de energia) de oxigénio e hidrogénio no electroflotador-gerador e, por conseguinte, o carregamento contínuo ininterrupto da célula de combustível de um veículo elétrico para o seu movimento ininterrupto é assegurado pela utilização de uma lâmpada, que actua sobre o painel solar, como carga eléctrica para o electroflotador-gerador, incluindo um LED com um carregador de luz diurna, que permite, com economia de energia, durante o funcionamento do electroflotador-gerador, iluminar alternadamente o painel solar com a luz interior do veículo elétrico e, quando esta se apaga, com um LED alimentado pela bateria carregada durante o funcionamento da luz interior do veículo elétrico.

Mecanismo teórico do processo de fotoelectrólise da água 24/7 sob a influência da energia luminosa no ânodo combinado de semicondutor de silício e malha metálica do fotoelectrolisador-gerador.

Todos os métodos e dispositivos tecnológicos anteriormente desenvolvidos pelo autor para a produção de hidrogénio e oxigénio gasosos e para o funcionamento ininterrupto do motor do carro elétrico, utilizando o processo de eletrólise da água, praticam o efeito da influência dos raios solares ou da lâmpada de luz interior do carro elétrico na combinação do ânodo de semicondutor de silício e malha metálica com célula grande, imersa em água ordenada no fotoelectrolisador-gerador.

O autor, juntamente com o desenvolvimento de um mecanismo molecular de conversão da energia dos raios solares ou da influência da lâmpada interior do farol do automóvel elétrico sobre o ânodo combinado de semicondutor de silício e malha metálica com célula grande do fotoelectrolisador-gerador na energia da eletrólise da água, desenvolveu um fluxo contínuo do processo de eletrólise da água nestes dispositivos devido ao impacto variável dos raios solares ou da lâmpada interior do farol do automóvel elétrico sobre o ânodo combinado de semicondutor de silício e malha metálica com célula grande, imerso em água ordenada, no fotoelectrolisador-gerador, e carregando simultaneamente a bateria da lâmpada, que inclui um LED, o LED desliga durante o dia, o LED liga durante a noite, a bateria da lâmpada, e o impacto da iluminação do LED da lâmpada, alimentado pela bateria carregada da lâmpada, no ânodo combinado de semicondutor de silício e malha metálica com célula grande de fotoelectrolisador-gerador, imerso em água ordenada, na energia da eletrólise da água no fotoelectrolisador-gerador durante a noite.

Implementação do curso 24/7 do método previamente desenvolvido de geração de gases de hidrogénio e oxigénio sob a influência da energia luminosa no ânodo combinado de semicondutor de silício e malha metálica do fotoelectrolisador-gerador

A utilização do mecanismo teoricamente descrito acima do processo de fotoelectrólise da água 24/7 sob a influência da energia luminosa no ânodo combinado de semicondutor de silício e malha metálica do fotoelectrolisador-gerador permite ao autor desenvolver a geração contínua e ininterrupta de hidrogénio e oxigénio, utilizando um fotoelectrolisador-gerador desenvolvido, tendo um ânodo localizado horizontalmente, feito de semicondutor de silício e malha metálica com células grandes e cátodo de grafite queimado (base de eletrólise) na parte inferior do fotoelectrolisador-gerador; uma membrana de material de mangueira de incêndio, situada entre os eléctrodos; dispositivo que regula a distância entre os eléctrodos.

A produção contínua e ininterrupta de hidrogénio e oxigénio no fotoelectrolisador-gerador é assegurada pela utilização de uma lâmpada, incluindo um LED com um carregador de baterias à luz do dia com raios solares como carga eléctrica útil, que ilumina o ânodo combinado, feito de semicondutor de silício e malha metálica com células grandes, durante a noite até de manhã, e pelo enchimento contínuo do fotoelectrolisador-gerador com água.

Implementação do curso 24/7 do método previamente desenvolvido funcionamento ininterrupto do motor do carro elétrico sob a influência da energia luminosa no ânodo combinado de semicondutor de silício e malha metálica do fotoelectrolisador-gerador

A utilização do mecanismo acima descrito teoricamente do processo de fotoelectrólise da água 24/7 sob a influência da energia da luz no ânodo combinado de semicondutor de silício e malha metálica do fotoelectrolisador-gerador permite ao autor desenvolver um fotoelectrolisador-gerador, alimentado pela energia da luz de uma lâmpada interior de um carro elétrico, produzindo hidrogénio e oxigénio puros, que carrega a célula de combustível de um carro elétrico 24 horas por dia, levando-o a funcionar sem parar.

O hidrogénio e o oxigénio no gerador desenvolvido são produzidos por eletrólise de água comum, continuamente fornecida ao fotoelectrolisador-gerador, a um custo inferior ao preço de mercado, devido a uma base de eletrólise especialmente concebida, incluindo uma membrana de mangueira de incêndio colocada entre os eléctrodos e um mecanismo para ajustar o intervalo entre os eléctrodos, localizado na parte inferior do fotoelectrolisador-gerador.

A produção ininterrupta de oxigénio e hidrogénio no fotoelectrolisador-gerador e, por conseguinte, o carregamento contínuo ininterrupto da célula de combustível de um veículo elétrico para o seu movimento ininterrupto é assegurada pela utilização de uma lâmpada como carga eléctrica para o fotoelectrolisador-gerador, incluindo um LED com um carregador de luz do dia, que permite de uma forma economizadora de energia, durante o funcionamento do fotoelectrolisador-gerador, iluminar alternadamente o fotoelectrolisador-gerador com a lâmpada interior do veículo elétrico e, quando a lâmpada interior do veículo elétrico estiver desligada, com um LED, alimentado pela bateria carregada durante o funcionamento da lâmpada interior do veículo elétrico.

Neste livro, o autor revelou o mecanismo teórico para o processo ininterrupto de eletrólise da água sob a influência da energia luminosa num painel solar ou no ânodo, feito de semicondutor de silício e da malha metálica de um fotoelectrolisador-gerador, o que permitiu ao autor desenvolver tecnologias avançadas para a dessalinização, purificação e concentração ininterruptas; produção de gases de hidrogénio e oxigénio e funcionamento ininterrupto do motor do veículo elétrico.

CAPÍTULO 1

24/7 PROCESSO DE ELECTRÓLISE DA ÁGUA SOB A INFLUÊNCIA DA ENERGIA LUMINOSA NA ENERGIA SOLAR

1.1 Mecanismo teórico do processo de eletrólise da água 24/7 sob a influência da energia luminosa no painel solar

Todos os métodos e dispositivos tecnológicos de dessalinização, purificação, concentração e geração de gases de hidrogénio e oxigénio, bem como o funcionamento ininterrupto do motor do carro elétrico, utilizando o processo de eletrólise da água, praticam o efeito da energia solar num painel solar como fonte de energia .

O autor, juntamente com o desenvolvimento de um mecanismo molecular de conversão da energia do impacto dos raios solares num painel solar em energia de eletrólise da água num dessalinizador, electroflotador, electroflotador-concentrador e electroflotador-gerador, desenvolveram um fluxo contínuo do processo de eletrólise da água nestes dispositivos devido ao impacto variável dos raios solares no painel solar durante o dia e ao carregamento simultâneo da bateria da lâmpada, que inclui um LED, o LED desligado durante o dia, o LED ligado durante a noite, a bateria da lâmpada, e o impacto da iluminação do LED da lâmpada, alimentado pela bateria carregada da lâmpada, no painel solar durante a noite.

O painel solar gera uma corrente contínua que, ao passar pela água, cria um processo de eletrólise da água no electroflotador.

O painel solar [5 - 7] tem muitas camadas: um vidro protetor temperado simples, uma camada antirreflexo pulverizada, uma camada de um módulo de fotocélulas solares, feito de células solares, uma camada de EVA, uma camada isolante e um bloco de ligações que ajudam a recolher o número máximo de fotões de luz solar no painel (Figura 1).

O painel solar funciona com base num módulo fotográfico solar especial, incluindo células solares que captam a energia solar e a convertem em corrente eléctrica com a ajuda de dispositivos semicondutores.

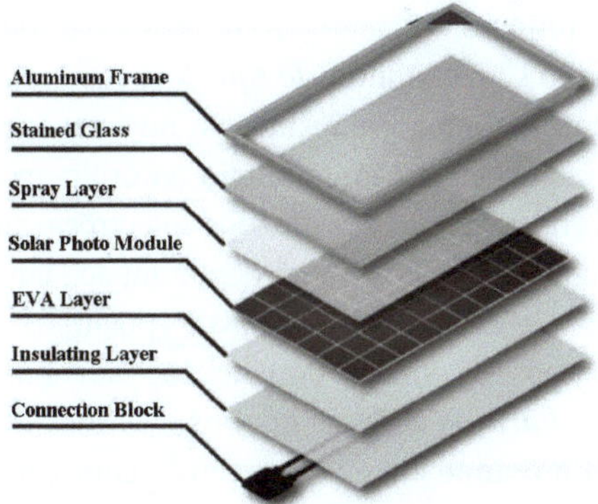

Figura 1. *Estrutura do painel solar*

O semicondutor mais utilizado é o silício, que tem quatro electrões na sua camada exterior (Figura 2).

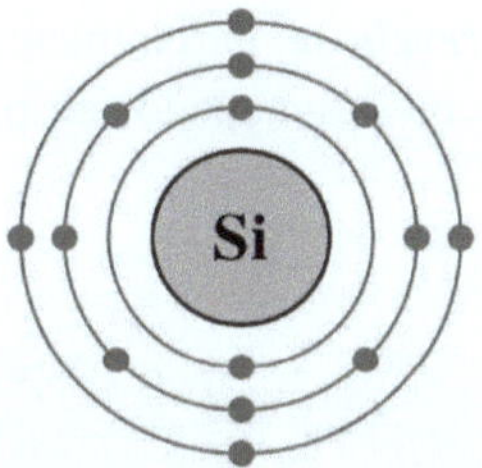

Figura 2. *A estrutura do átomo de silício*

Na prática, o silício dopado é mais frequentemente utilizado, utilizando aditivos especiais.

Normalmente, estes aditivos são dois tipos de átomos - fósforo ou boro - devido à sua estrutura eletrónica: o fósforo tem cinco electrões na órbita exterior e o boro tem três.

Portanto, o silício, dopado com fósforo, que tem quatro electrões na órbita exterior, quando combinado com o fósforo, adquire mais cinco electrões e, assim, haverá nove electrões na órbita exterior conjunta do silício e do fósforo e, portanto, um eletrão desemparelhado será supérfluo, uma vez que o número total deverá ser de oito electrões na órbita exterior conjunta do silício e do boro.

A exposição desse silício dopado com fósforo à energia solar faz com que esse eletrão extra seja retirado, ficando livre para se deslocar por todo o semicondutor, chamado semicondutor *do tipo N* (negativo).

No silício, dopado com boro, ocorre a situação inversa: apenas três electrões do boro se juntam aos quatro electrões do silício na órbita exterior comum com o boro, pelo que haverá sete em vez de oito electrões na órbita conjunta e, consequentemente, um espaço livre vago, denominado "buraco".

Estes semicondutores são designados por *tipo P* (positivo).

Quando estes dois tipos de silício dopado são adicionados, obtém-se uma *junção de electrões e buracos P-N*, na qual os electrões em excesso do *fósforo tipo N*, devido à sua proximidade dos "buracos", começam a combinar-se com os buracos do boro *tipo P*.

Como resultado, a região limite do *tipo N*, devido ao facto de alguns dos electrões terem ido para a região *do tipo P*, acaba por ser parcialmente carregada positivamente, enquanto a maioria dos electrões, eliminados pela energia solar, se movem livremente na região comum *do tipo N*.

A região limite do *tipo P revela-se* parcialmente carregada negativamente, enquanto a maioria dos buracos desocupados se movem livremente na região comum *do tipo P* (Figura 3).

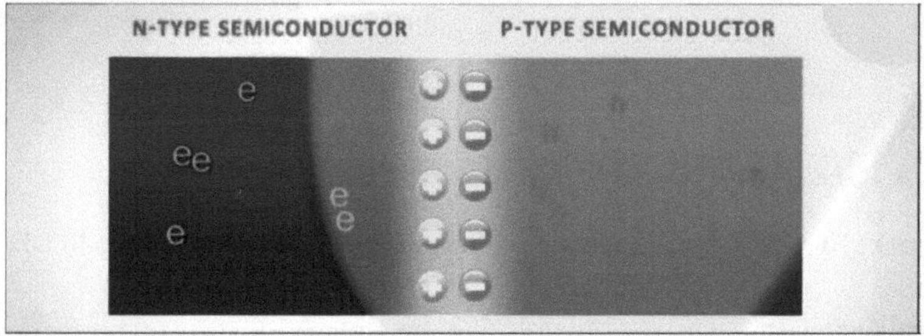

Figura 3. *A junção eletrão-buraco P-N e os electrões eliminados pela energia solar movem-se livremente na região comum do tipo N, e os buracos desocupados movem-se livremente na região comum do tipo P.*

Se os eléctrodos (cátodo e ânodo) estiverem ligados à camada exterior do *tipo N* e à camada exterior do *tipo P que se* lhe segue, aparecerão dois pólos de carga oposta nos eléctrodos: menos no cátodo e mais no ânodo, o que levará à criação de uma diferença de potencial.

Se os eléctrodos estiverem ligados a um circuito elétrico, cuja carga será um dessalinizador, electroflotador, electroflotador-concentrador, electroflotador-gerador com água, então uma corrente eléctrica constante fluirá através da água, gerando o processo de eletrólise da água no electroflotador (Figura 4).

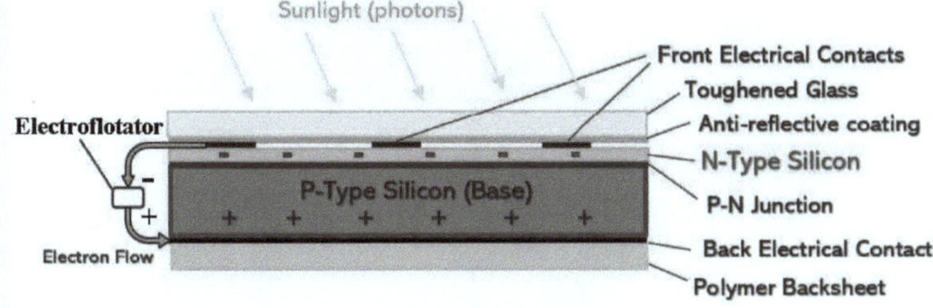

Figura 4. *Processo de eletrólise da água, ativado por célula solar sob o impacto da luz solar*

A manutenção ininterrupta da eletrólise da água no electroflotador é assegurada pela utilização de uma lâmpada como carga eléctrica útil, contendo um LED com um carregador que é carregado devido à luz do dia quando a lâmpada é desligada, e um LED ligado que ilumina o painel solar durante a noite até de manhã.

A figura 5 mostra a lâmpada como carga eléctrica útil do electroflotador para iluminar o painel solar durante a noite.

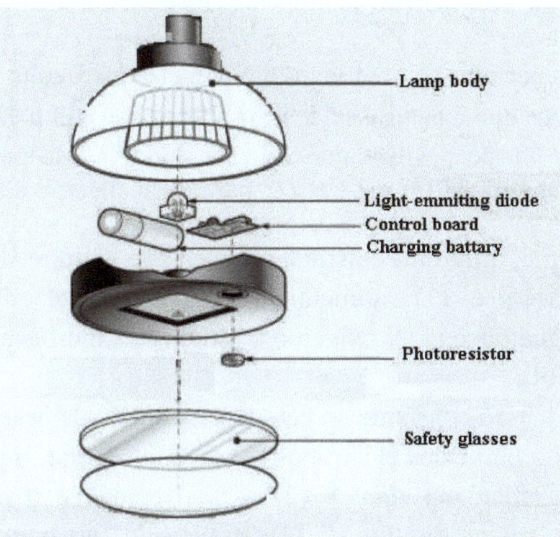

Figura 5: *Uma lâmpada como carga eléctrica útil do electroflotador para iluminar o painel solar durante a noite*

O esquema de princípio da placa de controlo das luzes é apresentado na figura 6.

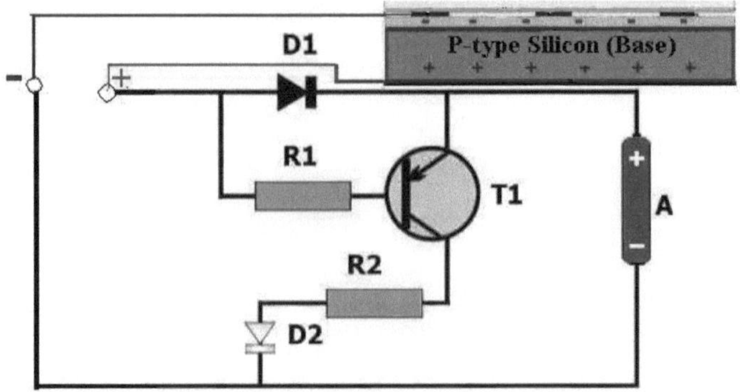

Figura 6: *Esquema do princípio do quadro de controlo da luz*

A corrente, gerada pelo painel solar, através do díodo **D1** carrega a bateria (**A**).
O potencial positivo, aplicado à base através da resistência **R1,** "mantém" o transístor **T1** no estado desligado e **o LED D2** não acende.
Com uma diminuição significativa da iluminação do painel solar, o transístor abre (devido a uma diminuição do potencial positivo, aplicado à base) e liga **o LED D2** à bateria.
O **LED** começa a acender-se, iluminando o painel solar à noite.
O díodo **D1** impede que a bateria se descarregue através do painel solar.
Ao amanhecer, a tensão positiva que vem da saída "+" do painel solar para a base "fecha" o transístor **T1** e *o LED D2* pára de acender, e a bateria começa a carregar.
A título de exemplo, a figura 7 ilustra a conceção de um dessalinizador de duas câmaras (câmaras 8 e 11), alimentado por um painel solar, com saídas separadas para água doce (13), oxigénio e cloro (10), hidrogénio gasoso (12) e *NaOH* alcalino (14).
É fornecida uma tensão constante ao cátodo e ao ânodo da base de eletrólise (4) do dessalinizador a partir dos eléctrodos (1) do painel solar: o pólo negativo do semicondutor de silício *do tipo N* (2) para o cátodo e o pólo positivo do semicondutor de silício *do tipo P* (3) através de um contacto de encaixe especialmente concebido no dessalinizador.
O pólo negativo do semicondutor de silício de *tipo N* e o pólo positivo do semicondutor de silício de *tipo P* estão ligados em paralelo a uma lâmpada de

iluminação (16), carregada pela luz do dia do painel solar, que se acende quando não há luz e que, em vez dos raios solares, ilumina o painel solar durante a noite até de manhã.

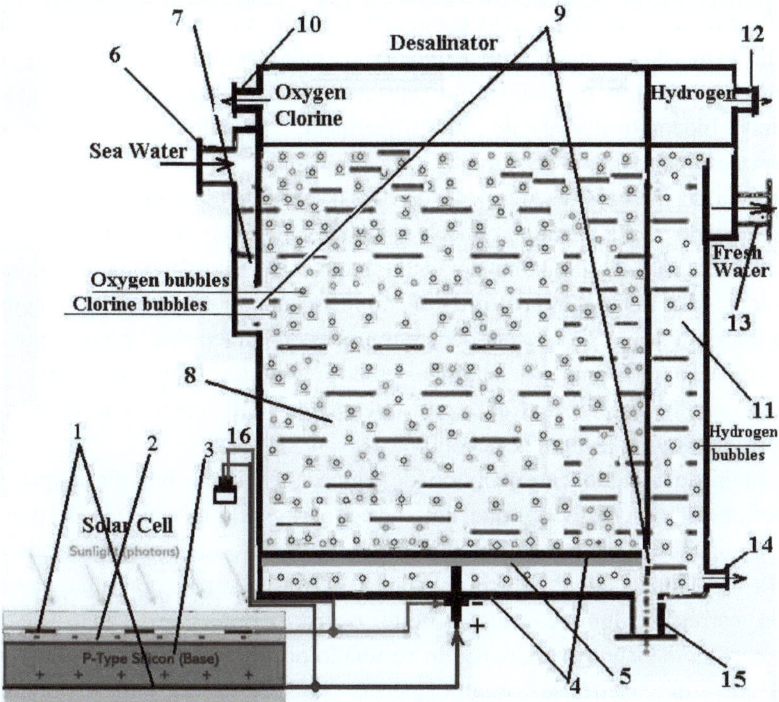

Figura 7. *Construção esquemática do dessalinizador industrial de funcionamento contínuo, alimentado por painel solar*

1.2 Implementação do curso 24/7 de métodos previamente desenvolvidos de dessalinização, purificação e concentração industriais, de tipo contínuo, sob a influência da energia luminosa num painel solar

A utilização do mecanismo acima descrito teoricamente da criação ininterrupta num electroflotador especialmente concebido, alimentado por um painel solar, do processo de eletrólise da água ou de uma solução aquosa, permitindo a geração de bolhas de hidrogénio de eletrólise microdispersas, carregadas negativamente, controladas em tamanho e intensidade de geração, pela voltagem, fornecida pelo painel solar aos eléctrodos do dessalinizador, electroflotador, electroflotador-concentrador, o que permitiu ao autor desenvolver tecnologias avançadas de tratamento permanente de águas residuais da produção galvânica, da produção de leite e da indústria de pasta e papel; tecnologia avançada de concentração permanente do fitoplâncton da água "verde" do lago num ciclo ecológico fechado, que não só repõe a água doce no lago, mas também é eficazmente utilizada para remover o dióxido de carbono, o sulfureto de hidrogénio, enriquecer o ambiente com oxigénio e produzir biocombustíveis de alta qualidade; tecnologia avançada de concentração permanente de sumos.

A essência do método desenvolvido de dessalinização ininterrupta da água do mar é que no dessalinizador concebido, alimentado por um painel solar, é utilizada a iluminação do painel solar durante o dia e uma lâmpada na unidade do painel solar, constituída por LED, alimentada por uma bateria interna, carregada durante o dia, à noite, ocorre o processo de eletrólise ininterrupta da água do mar, o que permite dessalinizar grandes volumes de água do mar, obter cloro gasoso, hidrogénio e *NaOH* em quantidades suficientes, sem consumir eletricidade, de forma simples e económica.

A essência do método desenvolvido de limpeza 24 horas por dia é que no electroflotador desenvolvido, que funciona a partir de uma unidade de painel solar, é utilizada a iluminação do painel solar durante o dia e uma lâmpada na unidade de painel solar, constituída por LED, alimentada por uma bateria interna, carregada durante o dia, à noite, ocorre o processo de eletrólise 24 horas por dia das águas residuais, em resultado do qual são geradas bolhas de hidrogénio de eletrólise microdispersas e carregadas negativamente, controladas pela tensão fornecida pelo painel solar aos eléctrodos de um electroflotador concebido, no qual, ao contrário dos electroflotadores existentes que utilizam como ânodo uma malha metálica com células pequenas, o que leva à formação de depósitos de sal no ânodo, cobrindo firmemente a superfície do ânodo, o que pode levar a uma paragem completa do processo de electroflotação, é utilizada uma malha metálica com células grandes, o que elimina a salinização do ânodo durante o processo de electroflotação.

Durante a eletrólise de águas residuais num electroflotador especialmente concebido, formam-se intensamente bolhas de hidrogénio de eletrólise carregadas negativamente da dispersão calculada, que flutuam para a superfície livre das águas residuais e encontram no seu caminho uma partícula microscópica de resíduos de águas residuais (no caso de purificação), significativamente maior em tamanho do que a bolha de hidrogénio microdispersa na eletrólise, induz uma carga positiva na superfície exterior da partícula de resíduos e fixa-se nela devido à ação da força de atração eletrostática e da força de tensão superficial, que actuam na mesma direção, criando assim fortes complexos: uma bolha (ou bolhas) de eletrólise microdispersa, carregada negativamente, de hidrogénio + partículas microscópicas de resíduos de águas residuais.

No caso da tecnologia avançada de concentração permanente de *células de Chlorella* ou *Dunaliella a* partir da água "verde" do lago num ciclo ecológico fechado, que não só restaura a água doce no lago, mas também é eficazmente utilizada para remover o dióxido de carbono, o sulfureto de hidrogénio, enriquecer o ambiente com oxigénio e produzir biocombustíveis de alta qualidade, durante a eletrólise de um meio nutriente de água, formam-se intensamente bolhas de hidrogénio de eletrólise carregadas negativamente da dispersão calculada, flutuam para a superfície livre das células de *Chlorella* ou de *Dunaliella* do meio nutriente aquoso e encontram pelo caminho uma célula de *Chlorella* ou de *Dunaliella*, ou uma célula *de Chlorella* ou de *Dunaliella* (em caso de concentração), de dimensão significativamente maior do que a bolha de hidrogénio microdispersa na eletrólise, são atraídas pela sua superfície negativa para a camada exterior positivamente carregada da bicamada fosfolipídica da membrana da *Chlorella* ou da *Dunaliella,* devido à ação da força resultante da atração eletrostática e da tensão superficial, que actuam na mesma direção, criando assim fortes complexos negativos: bolha (ou bolhas) de hidrogénio microdispersa(s) com carga negativa na eletrólise + célula de *Chlorella* ou *Dunaliella*.

Os complexos formados em ambos os casos, com um volume de elevação aumentado e uma força de Arquimedes aumentada, flutuam até à superfície livre das águas residuais ou de uma solução aquosa do meio nutriente das células de *Chlorella* ou *Dunaliella* sob a forma de resíduos espumosos (no caso da purificação) ou de um concentrado espumoso (no caso da concentração), de onde, utilizando um dispositivo especial, são levados para os colectores.

A essência do método desenvolvido de concentração contínua de sumo fresco é que no electroflotador-concentrador desenvolvido, que funciona a partir de uma unidade de painel solar, é utilizada a iluminação do painel solar durante o dia e uma lâmpada na unidade de painel solar, constituída por LED, alimentada por uma bateria interna, carregada durante o dia, à noite, ocorre o processo de eletrólise contínua de sumo fresco, em resultado do qual são geradas bolhas de hidrogénio de eletrólise microdispersas e carregadas negativamente, controladas pela tensão fornecida pelo painel solar aos eléctrodos de um electroflotador-concentrador concebido, no qual, ao contrário dos electroflotadores existentes que utilizam como ânodo uma malha metálica com células pequenas, o que leva à formação de depósitos de sal no ânodo, cobrindo firmemente a superfície do ânodo, o que pode levar a uma paragem completa do processo de electroflotação, é utilizada uma estrutura metálica com células grandes, o que elimina a salinização do ânodo durante o processo de electroflotação.

Durante a eletrólise do componente de água do sumo fresco num electroflotador-concentrador especialmente concebido, formam-se intensamente bolhas de hidrogénio de eletrólise carregadas negativamente da dispersão calculada, que flutuam para a superfície livre do componente de água do sumo fresco e encontram no seu caminho micropartículas sólidas de sacarose, açúcar e ácido, significativamente maior em tamanho do que a bolha de hidrogénio da eletrólise microdispersa, induz uma carga positiva na superfície exterior das micropartículas de sacarose, açúcar e ácido e fixa-se nelas devido à ação da força de atração eletrostática e da força de tensão superficial, actuando na mesma direção, criando assim fortes complexos: uma bolha (ou bolhas) de eletrólise microdispersa, carregada negativamente, de hidrogénio + uma micropartícula sólida de sacarose, açúcar e ácido de sumo fresco.

Tecnologia avançada de dessalinização contínua sob a influência da energia luminosa num painel solar

A essência do método desenvolvido de dessalinização ininterrupta da água do mar é que no dessalinizador concebido, alimentado por um painel solar, é utilizada a iluminação do painel solar durante o dia e uma lâmpada na unidade do painel solar, constituída por LED, alimentada por uma bateria interna, carregada durante o dia, à noite, ocorre o processo de eletrólise ininterrupta da água do mar, o que permite dessalinizar grandes volumes de água do mar, obter cloro gasoso, hidrogénio e *NaOH* em quantidades suficientes, sem consumir eletricidade, de forma simples e económica.

A dissociação da água (*96,5%*) na água do mar nos iões ocorre:
$$H_2 O \leftrightarrow H^+ + OH^- \quad (1.2.1)$$
Como resultado da dissociação da água do mar na presença de *96,5%* de água, ocorre a formação dos catiões *Na^+* , *Mg^{+2}* ,*Ca^{+2}* , *K^+* e aniões *Cl^-* , *SO_4^{-2}* a partir das substâncias químicas *NaCl*, *MgCl* , *$MgSO_2$* $_4$, *$CaSO_4$* e *KCl* devido às seguintes dissociações:
$$NaCl \leftrightarrow Na^+ + Cl^-$$
$$MgCl_2 \leftrightarrow Mg^{+2} + 2Cl^-$$

$$MgSO_4 \leftrightarrow Mg^{+2} + SO_4^{-2}$$
$$CaSO_4 \leftrightarrow Ca^{+2} + SO_4^{-2}$$
$$KCl \leftrightarrow K^+ + Cl^- \quad (1.2.2)$$

A Tabela 1 apresenta a composição iónica da água do mar com salinidade de *35%*, e na Tabela 2 a composição química da água do mar com salinidade de *35%*.

Tabela 1. *Composição iónica da água do mar com salinidade 35%*

Catiões	Mg/l	Equivalente, %	Aniões	Mg/l	Equivalente, %
Na +	10760	38,64	Cl $^-$	19353	45,06
Mg $+^2$	1296	8,81	SO $_4^{2-}$	2712	4,66
Ca $+^2$	412	1,69	HCO $_3^-$	141	0,20
K +	399	0,84	Br $^-$	67	0,07
Sr $+^2$	8	0,01			
Total:	**12875**	**49,99**	**Total:**	**22273**	**49,99**

Tabela 2. *Composição química da água do mar com salinidade 35%*

Sais	Mg/l	%
NaCl	mais 27300	mais 78
MgCl $_2$	mais 3150	mais 9
MgSO $_4$	mais 2275	mais 6,5
CaSO$_4$	mais 1225	mais 3,5
KCl	mais 700	mais 2
Bicarbonatos e outros	menos 350	menos 1
Total:	**35000**	**100**

A Tabela 1 mostra claramente a distribuição descendente das concentrações, formadas como resultado da dissociação da água do mar, dos catiões Na^+, Mg^{+2}, Ca^{+2}, K^+, Sr^{+2} e dos aniões Cl^-, SO_4^{-2}, HCO_3.

O quadro 2 mostra a distribuição descendente da concentração dos produtos químicos da água do mar $NaCl$, $MgCl_2$, $MgSO_4$, $CaSO_4$ e KCl.

O método desenvolvido para a dessalinização da água do mar 24 horas por dia e um dessalinizador especialmente concebido, alimentado por um painel solar, utiliza o processo de eletrólise da água do mar.

Se uma membrana, feita de material de mangueira de incêndio, for colocada entre o ânodo do dessalinizador, localizado acima do cátodo, o que impede a penetração dos aniões OH^-, Cl^-, SO_4^{-2} na zona do cátodo durante a eletrólise da água do mar, então, quando uma corrente eléctrica direta é passada através da água do mar durante a eletrólise da água do mar, um catião de hidrogénio H^+, contido na componente de água da água do mar, passa através da membrana para o cátodo, retirando-lhe um eletrão.

Como resultado, os átomos de hidrogénio neutros H formados no cátodo no estado livre são instáveis e combinam-se em pares para formar uma molécula de hidrogénio diatómico H_2.

Como resultado, as bolhas de hidrogénio separam-se no cátodo:

$$H^+ + e^- = H;\ H + H = H_2 \uparrow (1.2.3)$$

Quando uma corrente eléctrica direta é passada através da água do mar durante a eletrólise da água do mar, um catião Na^+, um catião Mg^{+2}, um catião Ca^{+2}, **um catião K^+** e um catião Sr^{+2} aproximam-se através da membrana do cátodo, retirando-lhe, respetivamente, Na^+ um eletrão, Mg^{+2} dois electrões, Ca^{+2} dois electrões, K^+ um eletrão e Sr^{+2} dois electrões, resultando na formação de átomos Na, Mg, Ca, K e Sr:

$Na^+ + e^- = Na$; $Mg^{+2} + 2e^- = Mg$; $Ca^{+2} + 2e^- = Ca$; $K^+ + e^- = K$ e $Sr^{+2} + 2e^- = Sr$ 1.2.4)

Os átomos de Na, Mg, Ca, K e Sr formados na zona catódica são misturados com água, penetrando através da membrana, formando álcalis e bolhas de hidrogénio:

$$2\,Na + 2\,H_2O = 2\,NaOH + H_2 \uparrow$$
$$2Mg + 4H_2O = 2Mg\,(OH)_2 + 2\,H_2 \uparrow$$
$$2Ca + 4H_2O = 2Ca\,(OH)_2 + 2\,H_2 \uparrow$$
$$2K + 2\,H_2O = 2\,KOH + H_2 \uparrow$$
$$2Sr + 4H_2O = 2Sr\,(OH)_2 + 2\,H_2 \uparrow (1.2.5)$$

Quatro aniões OH^- aproximam-se do ânodo, que devolve quatro electrões.

Como resultado, formam-se duas moléculas de água no ânodo, e os átomos de oxigénio neutros O formados no estado livre são instáveis e combinam-se em pares para formar uma molécula de oxigénio diatómico O_2 .

As bolhas de oxigénio formadas separam-se no ânodo:

$$4OH^- - 4e^- = 2H_2O + O_2 \uparrow \ (1.2.6)$$

No ânodo, dois aniões de $2Cl^-$ devolverão dois electrões.

Como resultado, os átomos neutros Cl formados no ânodo no estado livre são instáveis e combinam-se em pares para formar uma molécula diatómica Cl_2 .

Como resultado, as bolhas de cloro separar-se-ão no ânodo:

$$2Cl^- - 2e^- = Cl + Cl = Cl_2 \uparrow \ (1.2.7)$$

Os aniões SO_4^{-2} , HCO_3^- , formados no ânodo, misturando-se com uma molécula de água, formam o anião SO_3^{2-} , H_2CO_3 e 3 aniões de OH^- , que também podem ser utilizados para obter duas moléculas de água e bolhas de oxigénio separadas

$$(SO)_4^{2-} + H_2O = SO_3^{2-} + 2OH^-$$
$$HCO_3^- + H_2O = H_2CO_3 + OH^- \ (1.2.8)$$

Assim, no processo de eletrólise da água do mar, quando se utiliza uma membrana, feita de um material de mangueira de incêndio, entre o ânodo e o cátodo, formam-se bolhas de álcalis e hidrogénio na zona próxima do cátodo; formam-se bolhas de oxigénio e cloro, aniões SO_3^{2-} e hidroxilos OH^- , água H_2O e ácido carbónico H_2CO_3 na zona próxima do ânodo.

Com base nos resultados da eletrólise da água do mar acima referidos e na utilização de tabelas de composição iónica e química da água do mar (Tabelas 1 e 2), foi desenvolvido um método de dessalinização da água do mar e um dessalinizador industrial, utilizando o processo de eletrólise da água do mar nas suas duas câmaras, numa das quais o cátodo está instalado no seu fundo e o ânodo, localizado acima do cátodo, está isolado deste por uma membrana, feita de material de mangueira de incêndio, que permite a passagem de catiões e água para a segunda câmara e não passa os aniões da água do mar dissociados, deixando-os na segunda câmara, localizado acima do cátodo, está isolado deste por uma membrana, feita de material de mangueira de incêndio, que permite a passagem dos catiões e da água para a segunda câmara e não passa os aniões dissociados da água do mar, deixando-os na primeira câmara, o que permite dessalinizar fácil e economicamente grandes volumes de água do mar e obter separadamente produtos de valor: cloro gasoso e hidrogénio, álcali de sódio $NaOH$ em quantidades suficientes.

No processo de eletrólise da água do mar, devido à membrana entre o ânodo e o cátodo, os aniões *cloro Cl* e hidroxilo *OH* formam bolhas de cloro e oxigénio no ânodo com formação adicional de água (1.2.6) e (1.2.7):

$$4OH^- - 4e^- = 2H_2O + O_2 \uparrow$$
$$2Cl^{-1} - 2e^- = Cl + Cl = Cl_2 \uparrow$$

Os aniões SO_4^{-2} , HCO_3^- , formados no ânodo numa primeira câmara, misturando-se com uma molécula de água, formam o anião SO_3^{2-} , H_2CO_3 e 3 aniões de OH^- , que também são utilizados para obter duas moléculas de água e bolhas de oxigénio separadas (1.2.8):

$$(SO)_4^{2-} + H_2O = SO_3^{2-} + 2OH^-$$
$$HCO_3^- + H_2O = H_2CO_3 + OH^-$$

No processo de eletrólise da água do mar, devido à membrana entre o ânodo e o cátodo, os catiões H^+ , contidos no principal componente da água do mar, a água, aproximam-se através da membrana do cátodo, retirando-lhe um eletrão.

Como resultado, os átomos de hidrogénio neutros H formados no cátodo no estado livre são instáveis e combinam-se em pares para formar uma molécula de hidrogénio diatómico H_2 .

Como resultado, as bolhas de hidrogénio separam-se no cátodo (1.2.3) e deslocam-se para a segunda câmara:

$$H^+ + e^- = H; H + H = H_2 \uparrow$$

Quando se faz passar uma corrente eléctrica direta através da água do mar, um catião Na^+ , um catião Mg^{+2} , um catião Ca^{+2} , *um catião* K^+ e um catião Sr^{+2} aproximam-se através de uma membrana do cátodo, retirando-lhe, respetivamente, Na^+ um eletrão, Mg^{+2} dois electrões, Ca^{+2} dois electrões, K^+ um eletrão e

Sr^{+2} dois electrões, resultando na formação de átomos *de Na, Mg, Ca, K* e *Sr* (1.2.4):

$$Na^+ + e^- = Na; Mg^{+2} + 2e^- = Mg; Ca^{+2} + 2e^- = Ca; K^+ + e^- = K \text{ e } Sr^{+2} + 2e^- = Sr$$

Os átomos de *Na, Mg, Ca, K* e *Sr* formados na zona catódica são misturados com água, penetrando através da membrana, formando álcalis e bolhas de hidrogénio na segunda câmara (1.2.5):

$$2Na + 2H_2O = 2NaOH + H_2 \uparrow$$
$$2Mg + 4H_2O = 2Mg(OH)_2 + 2H_2 \uparrow$$
$$2Ca + 4H_2O = 2Ca(OH)_2 + 2H_2 \uparrow$$
$$2K + 2H_2O = 2KOH + H_2 \uparrow$$
$$2Sr + 4H_2O = 2Sr(OH)_2 + 2H_2 \uparrow$$

Assim, na segunda câmara ocorre a formação de água doce H_2 O, álcalis *NaOH*, *Mg (OH)$_2$* ,*Ca (OH)$_2$* , *KOH*, e *Sr (OH)$_2$* .

De acordo com a Tabela 1, os álcalis estão distribuídos nesta câmara ao longo dos níveis, de cima para baixo, de acordo com a sua massa (num litro): *Sr(OH)$_2$ = 8* Mg, *KOH = 399 Mg, Ca(OH)$_2$ = 412 Mg, Mg(OH)$_2$ = 1296 Mg* e *Na OH = 10760 Mg*.

Para a aplicação do método desenvolvido de dessalinização da água do mar em volumes industriais, a tarefa consistia em desenvolver e construir um dessalinizador industrial de funcionamento contínuo, alimentado por um painel solar, tendo em conta todas as características do novo método de dessalinização desenvolvido e capaz de processar grandes volumes de água do mar e obter separadamente produtos valiosos: cloro e hidrogénio gasosos, sódio alcalino *NaOH* em quantidade suficiente.

Um dessalinizador de duas câmaras (câmaras 8 e 11), estruturalmente concebido, continua a funcionar 24 horas por dia, alimentado por um painel solar com saídas separadas para água doce (13), oxigénio e cloro (10), hidrogénio (12) e gases alcalinos *NaOH* (14), como mostra a figura 8.

É fornecida uma tensão constante ao cátodo e ao ânodo da base de eletrólise (4) do dessalinizador a partir dos eléctrodos (1) do painel solar: o pólo negativo do semicondutor de silício *do tipo N* (2) para o cátodo e o pólo positivo do semicondutor de silício *do tipo P* (3) através de um contacto de encaixe especialmente concebido no dessalinizador.

O pólo negativo do semicondutor de silício de *tipo N* e o pólo positivo do semicondutor de silício de *tipo P* estão ligados em paralelo a uma lâmpada de iluminação (16), carregada pela luz do dia do painel solar, que se acende quando não há luz e que, em vez dos raios solares, ilumina o painel solar durante a noite até de manhã.

A estrutura da membrana (5), feita de material de mangueira de incêndio, montada num dispositivo especial, feito de material não condutor, para controlar o espaço entre o cátodo e o ânodo do dessalinizador, está localizada entre os dois eléctrodos, passando apenas catiões, água e as bolhas de hidrogénio resultantes para o cátodo e para a segunda câmara 11 do dessalinizador e não passando aniões marinhos Cl^- , OH^- , SO_4^{-2} ,

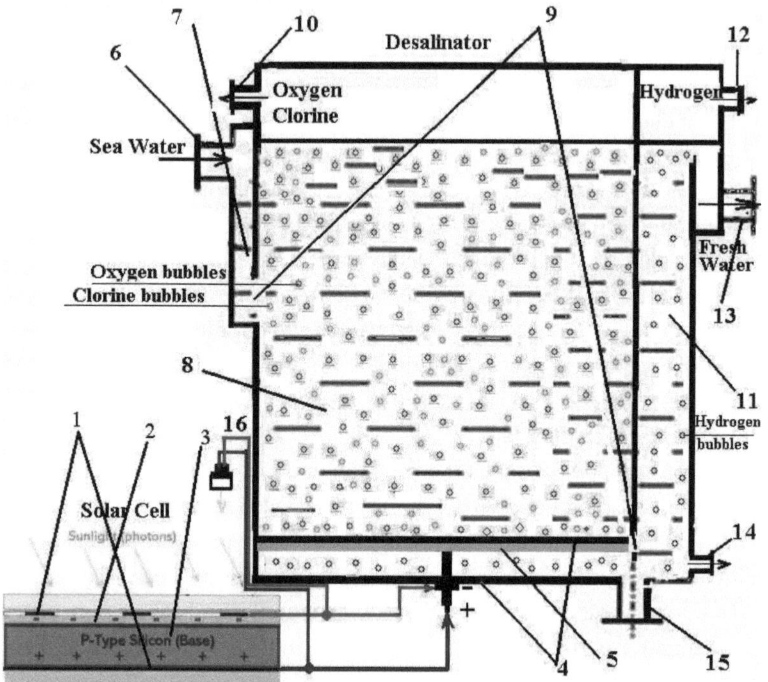

Figura 8. *Esquema de construção do dessalinizador industrial desenvolvido, alimentado por painel solar*

HCO_3^- e bolhas de cloro e oxigénio, deixando-as na primeira câmara (8) do dessalinizador.

Na primeira câmara do dessalinizador *8*, através do tubo de derivação com grua (6) e bolsa (7) e abertura (9), a água do mar entra para a dessalinização.

Durante o fornecimento de tensão DC do painel solar (célula) na base de eletrólise (4) ocorre a eletrólise da água do mar, sob a qual na primeira câmara dessalinizadora (8) os aniões da água do mar Cl^-, SO_4^{-2}, HCO^{3-} correm para o ânodo (o elétrodo superior da base de eletrólise 4), formando as bolhas de gás de cloro, anião SO_3^{2-}, $H_2 CO_3$ e 3 aniões de OH^- formam as duas moléculas de água e bolhas de oxigénio separadas.

As bolhas de oxigénio e cloro gasoso flutuam até à superfície livre da água do mar na primeira câmara do dessalinizador, rebentam e libertam cloro e oxigénio gasosos para o recetor, de onde são bombeados para fora através do tubo (10).

O catião Na^+, o catião Mg^{+2}, o catião Ca^{+2}, o catião K^+ e o catião Sr^{+2} passam através da membrana para o cátodo (elétrodo inferior da base de eletrólise (4)), retirando dele, respetivamente, Na^+ um eletrão, Mg^{+2} dois electrões, Ca^{+2} dois electrões, K^+ um eletrão e Sr^{+2} dois electrões, resultando na formação de átomos *de Na, Mg, Ca, K* e *Sr*, de acordo com a Equação (1.2.4).

Os átomos de *Na, Mg, Ca, K* e *Sr* formados na zona catódica são movidos para a segunda câmara do dessalinizador (11) através da fenda (9) e misturados com a componente de água do mar que penetrou através da membrana, formando álcalis *NaOH, Mg(OH)₂ , Ca(OH)₂, KOH, Sr(OH)₂* e bolhas de hidrogénio, de acordo com a Equação (1.2.5).

Assim, na segunda câmara (11) ocorre a formação de água doce H_2 O, bolhas de hidrogénio e álcalis: *NaOH, Mg (OH)₂ , Ca(OH)₂ , KOH*, e *Sr (OH)₂* .

As bolhas de hidrogénio flutuam até à superfície livre da água do mar na segunda câmara de rebentamento do dessalinizador e libertam o gás hidrogénio para o recetor, a partir do qual são bombeadas para fora através de um tubo (12).

De acordo com a Tabela 1, os álcalis estão distribuídos na segunda câmara do dessalinizador ao longo dos níveis, de cima para baixo, de acordo com a sua massa (por litro): *Sr(OH)₂ = 8* Mg, *KOH = 399 Mg, Ca(OH)₂ = 412 Mg, Mg(OH)₂ = 1296 Mg* e *Na OH = 10760 Mg*.

Como foi indicado acima, o *NaOH*, que possui a concentração mais elevada, será concentrado na parte inferior da segunda câmara (11), e a água doce H_2 O, que possui a concentração mais baixa, na parte superior desta câmara e através da grua (13) será entregue ao utilizador, uma vez que o dessalinizador é o dispositivo de ação contínua.

Calcular os níveis da parede da câmara (11), de onde podem ser retirados os álcalis, de acordo com a distribuição das suas concentrações, segundo o quadro 1.

Se considerarmos *m* como a massa de alcalino na água da câmara (11) com um volume de *5 litros* ou *5000 cm³*, então *m = c • 5000*, em que *c* é a concentração do catião alcalino de acordo com a Tabela 1.

Então, a condição para a localização do álcali na câmara (11) será a seguinte fórmula:

$$\rho g h \bullet s = mg = \rho g V$$

$$\text{ou } h = \frac{m}{s} \qquad (1.2.9)$$

Onde h, nível da parede da segunda câmara do dessalinizador (11); ρg, aceleração da gravidade; s, quadrado da base da segunda câmara do dessalinizador (11); V, volume de álcali na água do mar; mg, peso de álcali na água do mar; $\rho g V$, força de Arquimedes, actuando sobre o álcali.

Os cálculos dos níveis da parede da segunda câmara do dessalinizador (11) revelaram os seguintes resultados:

$$NaOH \longmapsto h = 50cm \text{ (fundo da segunda câmara de}$$
$$\text{dessalinizador (11))}$$
$$Mg\ (OH)_2 \longmapsto h = 28,9cm$$
$$Ca\ (OH)_2 \longmapsto h = 9,16cm$$
$$KOH \longmapsto h = 8,8\ cm\ (1.2.10)$$

Assim, no processo de dessalinização, na primeira câmara do dessalinizador (8) serão separados os componentes de gás valiosos: cloro e oxigénio, que podem ser bombeados para fora do tubo (10) e utilizados posteriormente; água de cloro e assim por diante.

Na segunda câmara do dessalinizador (11) será separada a água doce; o hidrogénio gasoso, que pode ser bombeado para fora do tubo (12) e utilizado; o $NaOH$, que é selecionado, utilizando a grua (14).

Os álcalis $Mg\ (OH)_2$, $Ca\ (OH)_2$, KOH podem ser seleccionados de acordo com os níveis calculados (Equação 10).

Após os trabalhos efectuados para a lavagem do dessalinizador e a drenagem de todo o líquido de drenagem, é fornecido o tubo de derivação com a grua (15).

A grua durante o processo de trabalho do dessalinizador está fechada.

A malha resistente à corrosão com ânodo de células grandes é posicionada acima do cátodo de grafite ou queimado

Utilizando a construção especial, o tamanho do espaço entre o ânodo e o cátodo é simplesmente regulado.

A utilização de uma malha resistente à corrosão com ânodo de células grandes com uma área de superfície menor, em comparação com os electroflotadores existentes, compensa o aumento da tensão nos eléctrodos para manter a mesma eficiência que os electroflotadores existentes, com baixos custos de energia, pela seguinte razão

De acordo com a lei de Faraday, a massa de evolução do gás (M) no elétrodo no tempo t:

$$M = jigSt\ (1.2.11)$$

Sendo j - o equivalente eletroquímico do gás (para o hidrogénio

$j = 1{,}0 \ 10^{-7} \ \kappa g/(A \cdot s)$; para o oxigénio $j = 8{,}29 \ 10^{-8} \ \kappa g/(A \cdot s)$); i - a densidade de corrente, A/m^2 ; $g = 90\%, 95\%$ - débito de corrente (a relação entre a transferência de massa de gás real e a teórica calculada em termos percentuais); S - quadrado do elétrodo superior, m^2 .

Se considerarmos i - a densidade de corrente do processo como I/S, em que I - a corrente eléctrica do processo, então a Equação (1.2.11) assumirá a seguinte forma:

$$M = jIgt \ (1.2.12)$$

Da Equação (1.2.12) verifica-se que a massa de evolução do gás, separado no elétrodo no tempo t, é diretamente proporcional ao valor da corrente eléctrica, e não depende do quadrado do elétrodo.

No entanto, de acordo com a lei de Ohm, o valor da corrente contínua do processo é diretamente proporcional à tensão do elétrodo (U) e é inversamente proporcional à resistência do meio entre eléctrodos (R):

$$I = U/R \ (1.2.13)$$

A resistência do meio entre os eléctrodos (R), por sua vez, depende da distância entre os eléctrodos (L) e do quadrado do elétrodo superior (S), como se segue:

$$R = \rho\frac{L}{S} \tag{1.2.14}$$

Onde ρ - resistividade do meio entre eléctrodos.
Substituindo (1.2.14) por (1.2.13), obtém-se:

$$I = (US/\rho L) \ (1.2.15)$$

Assim, a partir de (1.2.15) pode ver-se que a redução do quadrado do elétrodo superior (S), no nosso caso uma mudança da forma do ânodo, pode ser compensada pelo aumento da tensão (U) nos eléctrodos para manter a eficácia anterior do trabalho do electroflotador (o conteúdo anterior de gás do sistema - M), com baixos custos de energia.

Um aumento da tensão do elétrodo não só não diminui a eficácia do trabalho do dessalinizador, como também contribui para uma melhoria do processo de dessalinização.

Além disso, a redução do quadrado do ânodo, devido à utilização de uma malha resistente à corrosão com ânodo de células grandes, aumenta acentuadamente a densidade de corrente $i = I/S$ que também, de acordo com os dados disponíveis na literatura, atesta um aumento da eficácia do trabalho do dessalinizador industrial.

O dessalinizador desenvolvido é um dispositivo do tipo contínuo que permite utilizá-lo como módulo em ligações em série e em paralelo de dessalinizadores, controlando a qualidade e a produtividade da água doce resultante.

Os testes industriais do método desenvolvido de dessalinização da água do mar 24 horas por dia, utilizando a influência da energia solar no painel solar, foram realizados com base no exemplo das águas do mar *Mediterrâneo* e *do Mar Vermelho* num dessalinizador industrial de câmara única (primeira câmara do dessalinizador industrial desenvolvido), alimentado por painel solar, utilizando o processo de eletrólise da água do mar, que é criado por eléctrodos sem membrana entre eles, funcionando em modo discreto (Figura 9).

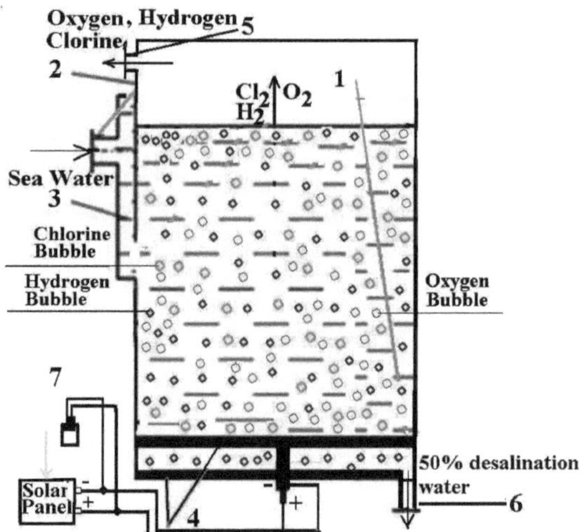

Figura 9. *Construção esquemática do dessalinizador de câmara única, funcionando em modo discreto*
1- Câmara; 2- Grua; 3 -Bolsa; 4-Base de eletrólise 5- Saída de Oxigénio, Cloro e Hidrogénio; 6 -Saída de água de dessalinização para ensaios;7 - Lâmpada.

O objetivo dos testes foi determinar a possibilidade de dessalinização (remoção dos aniões cloro Cl^-) da água do mar num dessalinizador de câmara única (primeira câmara do dessalinizador industrial desenvolvido) em modo discreto, que é o principal componente de dessalinização do método desenvolvido e do dessalinizador industrial de tipo contínuo.

Durante os testes, a água do mar entrou na câmara dessalinizadora (1) através de um tubo de derivação com uma torneira (2), uma bolsa (3) e uma abertura.

O cátodo e o ânodo da base de eletrólise *4* do dessalinizador são alimentados com tensão contínua a partir dos eléctrodos do painel solar: menos do semicondutor de silício do *tipo N* para o cátodo e mais do semicondutor de silício *do tipo P* para o ânodo através de um contacto de ficha especialmente concebido.

O pólo negativo do semicondutor de silício de *tipo N* e o pólo positivo do semicondutor de silício de *tipo P* estão ligados em paralelo a uma lâmpada de iluminação (7), carregada pela luz do dia do painel solar, que se acende quando não há luz e, em vez dos raios solares, ilumina o painel solar durante a noite até de manhã.

Durante o fornecimento de tensão DC a partir do painel solar (célula) na base de eletrólise (4) ocorre a eletrólise da água do mar, sob a qual na câmara dessalinizadora (1) os aniões da água do mar Cl^-, SO_4^{-2}, HCO^{3-} correm para o ânodo (o elétrodo superior da base de eletrólise 4), formando as bolhas de gás de cloro, anião SO_3^{2-}, H_2CO_3 e 3 aniões de OH^- formam as duas moléculas de água e bolhas de oxigénio separadas.

Na ausência de uma membrana entre os eléctrodos, os catiões H^+, contidos no principal componente da água do mar, aproximam-se do cátodo, retirando-lhe um eletrão.

Como resultado, os átomos de hidrogénio neutro H formados no cátodo no estado livre são instáveis e combinam-se em pares, formando uma molécula de hidrogénio diatómico H_2 sob a forma de uma bolha de hidrogénio.

As bolhas de gases de oxigénio, cloro e hidrogénio flutuam até à superfície livre da água do mar na câmara do dessalinizador, rebentam e libertam cloro gasoso, oxigénio e hidrogénio para o recetor, de onde são bombeados para fora através do tubo (5).

A água isenta de cloro (Cl^-) foi drenada através da torneira (6) para o teste.

Os testes foram efectuados pelo Instituto de Normas de Israel (divisão industrial) e por um perito químico licenciado (licença № 1681).

Os resultados foram os seguintes:

- *Instituto de Normalização de Israel (divisão industrial)*

Cloretos (Cl^-) na água do mar: antes da dessalinização - *22,3 mg/l*, após a dessalinização - *12,3 mg/l*;

- *Especialista em química (número de licença nº 1681)*

Cloretos (Cl^-) antes da água do mar: antes da dessalinização - *23,183 mg/l*, após a dessalinização - *11,06 mg/l*.

Assim, utilizando um dessalinizador de câmara única em modo discreto, é possível, durante *20 segundos,* dessalinizar a água do mar em *48%-55%*.

Calculemos a produtividade do dessalinizador industrial desenvolvido de forma contínua e permanente.

O procedimento de cálculo da produtividade do dessalinizador contínuo e ininterrupto desenvolvido é efectuado de acordo com os dados apresentados em [8].

O desempenho do dessalinizador contínuo industrial desenvolvido é determinado pela fórmula:

$$Q = F \cdot V \ (1.2.16)$$

Onde *Q*, a produtividade do dessalinizador; *F*, o quadrado do espelho de água do mar no dessalinizador e *V*, a velocidade de downwash da água doce, que sai do dessalinizador.

A velocidade da água do mar *V* para o dessalinizador é igual a *1mm/segundo*, ou *3,60m/hora*.

O quadrado do espelho de água do mar no dessalinizador *F* foi determinado pelas dimensões da construção do dessalinizador e foi igual a *0,04m²* .

Assim, de acordo com (1.2.16), a produtividade do destilador *Q* será igual a *0,144m³* /hora.

O volume de trabalho da primeira câmara do dessalinizador é determinado do seguinte modo

$$W = Q \cdot t \ (1.2.17)$$

onde *W*, o volume de trabalho da câmara do dessalinizador; *t*, tempo do processo de dessalinização.

No nosso caso, *Q = 0,144 m³* /Hora e o tempo de dessalinização ocupa *t = 15 minutos* ou *0,25 horas*.

Então, o volume de trabalho da câmara do dessalinizador *W* compõe-se de *0,036m³* .

A profundidade de trabalho da água do mar na câmara do dessalinizador é determinada da seguinte forma:

$$H = W / F \ (1.2.18)$$

e é igual a *H = 0,9 m* ou *90 cm*.

Assim, foram determinadas a produtividade e as dimensões básicas de funcionamento da câmara do dessalinizador.

Agora, vamos determinar a densidade de corrente do processo e a energia eléctrica do painel solar gasta pelo processo.

Densidade de corrente composta $i = 200\ a/m^2$, e o consumo específico de energia eléctrica $N = 0,58\ Kw\cdot H$.

O gasto específico da energia eléctrica do painel solar é determinado pela fórmula:

$$n = N/Q = 0,58\ /0,144 = 4,4(Kw\cdot H/m^3)\ (1.2.19)$$

Consequentemente, para a dessalinização de $1m^3$ de água do mar são gastos **4,4 Kw·H de** energia solar.

Para comparar com o consumo de eletricidade da rede, atualmente, como o custo total de *1 kWh* no Canadá é, numa estimativa muito grosseira, de **25 cêntimos canadianos**, a dessalinização de *1 m3* de água do mar custaria **1,10 dólares canadianos**.

A Tabela 3 mostra o desempenho da unidade industrial de dessalinização contínua desenvolvida e o custo da dessalinização da água do mar (no nosso caso, o custo da alimentação eléctrica a partir do painel solar é 0) por dia, mês e ano.

Tabela 3. *Produtividade de um dessalinizador industrial de tipo contínuo e permanente e o custo da dessalinização por 24 horas, por mês e por ano.*

Produtividade por 24 horas, m³	Custo da dessalinização por 24 horas, $	Produtividade por mês, m³	Custo da dessalinização por mês, $	Produtividade por ano, m³	Custo da dessalinização por ano, $
3.5	3.85	105	115.5	1,277.5	1,404.70

O custo da eletricidade para a dessalinização da água do mar por osmose inversa é de *13,2 kWh/m³* contra 79,3 kWh/m³ para a dessalinização, utilizando o método de destilação, e *47,5 kWh/m³* para a dessalinização por congelação, enquanto que no método de dessalinização desenvolvido (se a eletricidade for proveniente da rede eléctrica) apenas *4,4 kWh/m³* energia solar.

Note-se que a energia consumida *4,4 kWh* para a dessalinização de *1 m³* de água do mar é energia solar, que não requer custos de eletricidade

O dessalinizador contínuo industrial desenvolvido permite a sua utilização como um módulo com ligação em série e em paralelo de módulos dessalínizadores, o que aumenta a qualidade da dessalinização da água do mar quando os dessalinizadores são ligados em série por um múltiplo do número de dessalinizadores na ligação e aumenta a produtividade da dessalinização da água do mar com dessalinizadores em ligação paralela é também um múltiplo do número de dessalinizadores na ligação.

Com a ligação em paralelo dos dessalinizadores, os dessalinizadores têm uma entrada comum de água do mar e uma saída comum de água doce (Figura 10).

A figura 10 mostra também o balanço de peso dos componentes da água do mar que entra e da água doce que sai, com um balanço de sal e cloro gasoso (a saída

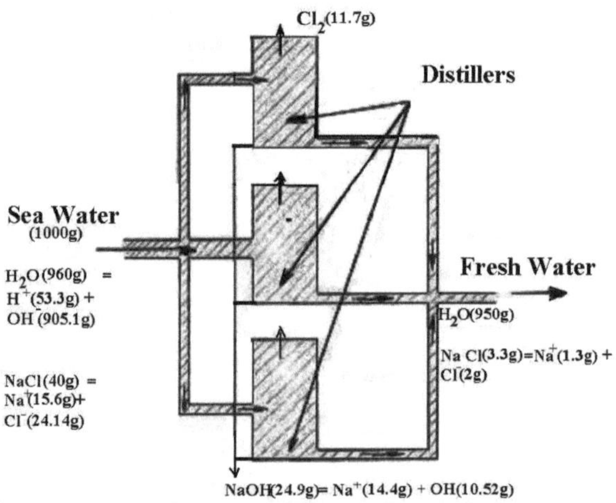

de hidrogénio gasoso, oxigénio e *NaOH* não é tida em conta).

Figura 10. *Rede paralela de dessalinizadores com a entrada comum da água do mar inicial e a saída comum de água doce com o resíduo de sal, o cloro gasoso e o balanço de peso de entrada e saída*

A balança de pesos mostrada na Figura 10 pode ser representada pela seguinte expressão:

Água do mar (1000g) = H2O (960g) [H⁺ (53,3g) +OH⁻ (905,1g)] +
NaCl (40g) [Na⁺ (15,64g) +Cl⁻ (24,14g)] = H2O (949,88g) +
NaCl (3,28g) = [Na⁺ (1,28g) + Cl⁻ (2g) +Cl₂ (11,7g) ↑; (1.2.20)

Assim, com um aumento dos dessalinizadores para três, como mostra a Figura 10, a produtividade da rede modular cresce em três vezes - de *3,5m³* /dia para *10,5m³* /dia.

Por conseguinte, o aumento da quantidade de dessalinizadores permite atingir a produção necessária de água doce.

Quando os dessalinizadores são ligados em série, a saída de água doce do primeiro dessalinizador é ligada à entrada do segundo dessalinizador, e assim sucessivamente (Figura 11), o que permite aumentar a qualidade da água doce por um múltiplo do número de dessalinizadores.

Assim, um método desenvolvido de dessalinização da água do mar e um dessalinizador especialmente concebido, alimentado por um painel solar, e utilizando o processo de eletrólise da água do mar, permite dessalinizar grandes volumes de água do mar, obter cloro gasoso, hidrogénio e *NaOH* em quantidades suficientes sem consumir eletricidade, de forma simples e económica.

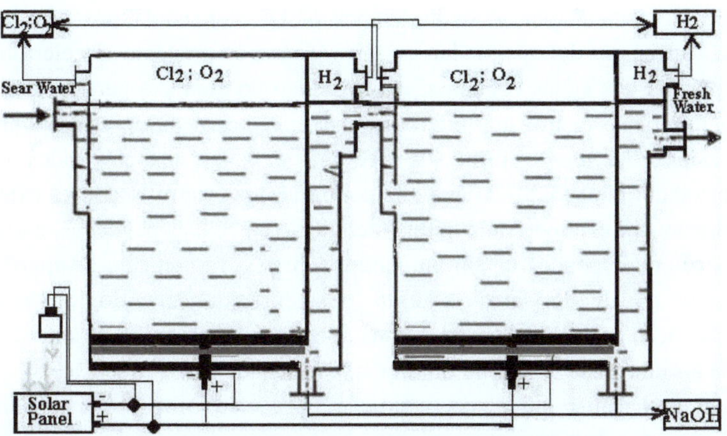

Figura 11. *Ligação consecutiva de dois dessalinizadores contínuos, de funcionamento contínuo, quando a saída de água doce do primeiro dessalinizador se liga à entrada do segundo dessalinizador*

Uma vez que um dessalinizador industrial é um dessalinizador de funcionamento contínuo, a utilização de circuitos dessalinizadores paralelos e sequenciais permite controlar a produtividade e a qualidade da produção de água doce.

Assim, um método desenvolvido de dessalinização da água do mar e um dessalinizador de tipo contínuo, especialmente concebido para funcionar 24 horas por dia, alimentado por um painel solar e utilizando o processo de eletrólise da água do mar, permite dessalinizar grandes volumes de água do mar, obter cloro gasoso, hidrogénio e *NaOH* em quantidades suficientes sem consumir eletricidade, de forma simples e económica.

O dessalinizador desenvolvido é um dispositivo de tipo contínuo, 24 horas por dia, que permite utilizá-lo como um módulo em ligações em série e em paralelo de dessalinizadores, controlando a qualidade e a produtividade da água doce resultante.

Tecnologia avançada de limpeza contínua sob a influência da energia luminosa no painel solar

A essência do método desenvolvido de limpeza 24 horas por dia é que no electroflotador desenvolvido, que funciona a partir de uma unidade de painel solar, é utilizada a iluminação do painel solar durante o dia e uma lâmpada na unidade de painel solar, constituída por LED, alimentada por uma bateria interna, carregada durante o dia, à noite, ocorre o processo de eletrólise 24 horas por dia das águas residuais, em resultado do qual são geradas bolhas de hidrogénio de eletrólise microdispersas e carregadas negativamente, controladas pela tensão fornecida pelo painel solar aos eléctrodos de um electroflotador concebido, no qual, ao contrário dos electroflotadores existentes que utilizam como ânodo uma malha metálica com células pequenas, o que leva à formação de depósitos de sal no ânodo, cobrindo firmemente a superfície do ânodo, o que pode levar a uma paragem completa do processo de electroflotação, é utilizada uma malha metálica com células grandes, o que elimina a salinização do ânodo durante o processo de electroflotação.

Durante a eletrólise de águas residuais num electroflotador especialmente concebido, formam-se intensamente bolhas de hidrogénio de eletrólise carregadas negativamente da dispersão calculada, que flutuam para a superfície livre das águas residuais e encontram no seu caminho uma partícula microscópica de resíduos de águas residuais (no caso de purificação), significativamente maior em tamanho do que a bolha de hidrogénio microdispersa na eletrólise, induz uma carga positiva na superfície exterior da partícula de resíduos e fixa-se nela devido à ação da força de atração eletrostática e da força de tensão superficial, que actuam na mesma direção, criando assim fortes complexos: uma bolha (ou bolhas) de eletrólise microdispersa, carregada negativamente, de hidrogénio + partículas microscópicas de resíduos de águas residuais.

O tratamento por electroflotação de águas residuais industriais foi efectuado num electroflotador industrial especialmente concebido para o efeito, do tipo contínuo e de funcionamento contínuo, alimentado por um painel solar, apresentado na Figura 12.

A Figura 12 mostra esquematicamente a conceção do electroflotador industrial desenvolvido, do tipo contínuo, de funcionamento contínuo, alimentado por uma célula solar, e o princípio do seu funcionamento no processo de tratamento de águas residuais industriais.

O electroflotador de tratamento de águas residuais industrial, de tipo contínuo, concebido estruturalmente, alimentado por uma célula solar através de eléctrodos -1, que estão ligados a um semicondutor de silício do tipo *N* -2 e a um semicondutor de silício *do tipo P* -3, tem uma câmara de flutuação - 6, feita sob a forma de um recipiente retangular, cujos cantos estão equipados com inserções especiais, pelo que a parte interior da câmara assume a forma de um cilindro e a parede superior traseira está equipada com um refletor.

O pólo negativo do semicondutor de silício de *tipo N* e o pólo positivo do semicondutor de silício de *tipo P* estão ligados em paralelo a uma lâmpada de iluminação (12), carregada pela luz do dia do painel solar, que se acende quando não há luz e, em vez dos raios solares, ilumina o painel solar durante a noite até de manhã.

No processo de tratamento de águas residuais, as águas residuais entram na câmara de flotação (6) através de um tubo com uma válvula (4), uma bolsa (5) e uma ranhura (7), para separar as partículas microscópicas de lixo das águas residuais.

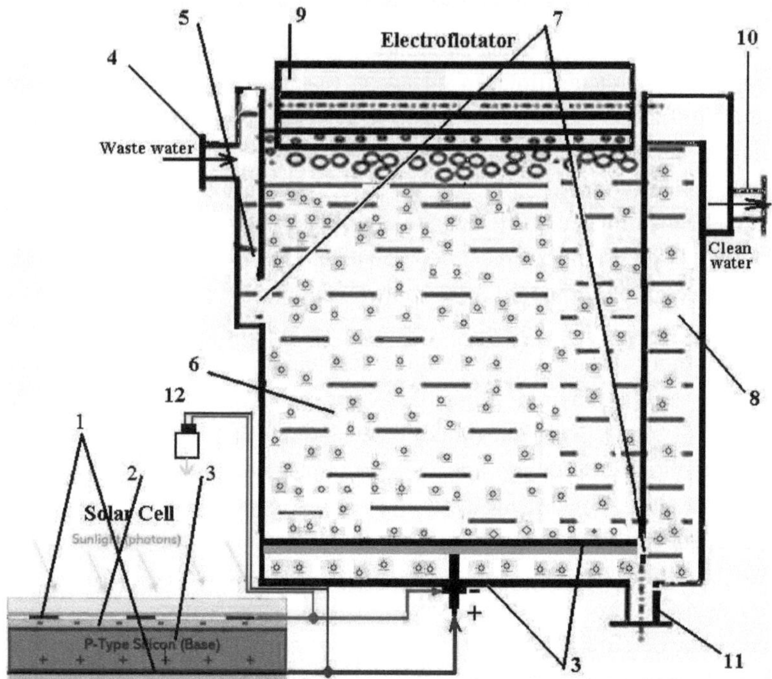

Figura 12. *Conceção do electroflotador industrial desenvolvido, de tipo contínuo, alimentado por uma célula solar.*

A água limpa, depois de passar pela câmara de pós-tratamento (8), é descarregada do electroflotador através de uma bolsa e de um tubo de drenagem com uma torneira (10).

As partículas microscópicas flutuantes de resíduos sólidos são recolhidas numa camada de espuma na parte superior da câmara de flotação e são removidas por um dispositivo de pás (9) para uma cápsula recetora especial.

O elemento principal do electroflotador é a base de eletrólise (3), ligada à célula solar sob a forma de uma ficha, e que contém um mecanismo especial, feito de um material não condutor fixado no cátodo, que permite ajustar simplesmente o tamanho do espaço interelectrodo.

Após completar a lavagem do electroflotador e retirar toda a água restante, é fornecido um tubo de derivação com uma torneira (11).

A torneira está fechada durante o funcionamento do electroflotador.

Uma vez que o electroflotador industrial desenvolvido, de funcionamento contínuo, é um electroflotador de tipo contínuo que permite a sua utilização num circuito modular.

Num circuito modular de electroflotadores, a ligação em série de electroflotadores é uma ligação em que a saída de um electroflotador é ligada à entrada de outro.

A qualidade do tratamento de águas residuais industriais para dois electroflotadores ligados em série é duplicada, ou seja, a melhoria da qualidade da água purificada é um múltiplo do número de electroflotadores numa cadeia de electroflotadores ligados em série.

Numa cadeia modular de electroflotadores, uma ligação paralela de electroflotadores é uma ligação em que as águas residuais de produção entram simultaneamente em todos os electroflotadores através de um tubo de entrada comum e a água purificada sai de todos os electroflotadores para um tubo de saída comum ao mesmo tempo.

A quantidade de água purificada por dois electroflotadores ligados em paralelo é duplicada, ou seja, a quantidade de água purificada é um múltiplo do número de electroflotadores numa cadeia de electroflotadores ligados em paralelo.

Purificação das águas residuais da produção galvânica

A produção galvânica é uma das fontes mais perigosas de poluição ambiental, principalmente das águas superficiais e subterrâneas, devido à formação de um grande volume de águas residuais.

Os compostos metálicos, contidos nas águas residuais da produção galvânica, têm um efeito extremamente nocivo no sistema ecológico: reservatório-solo-flora-animal-mundo-homem, possuindo propriedades tóxicas, carcinogénicas (causadoras de neoplasias malignas - *As, SE, Zn, Pd, Cr, Be, Pb, Hg, Co, Ni, Ag, Pt*), mutagénicas (provocam alterações na hereditariedade - *ZnS*), teratogénicas (capazes de provocar deformações em recém-nascidos - *Cd, Pb, As, Co, Al* e *Li*) e alergénicas (Cr^{6+}) propriedades nocivas.

Contidos nas águas residuais da produção galvânica, drenadas para as massas de água, os metais têm um efeito prejudicial na flora e na fauna e interferem com os processos de auto-purificação das massas de água.

Ao utilizar a água de reservatórios poluídos, cheios de águas residuais da produção galvânica, contendo metais não ferrosos, para irrigação, esta será levada para os campos e concentrada na camada superior mais fértil do solo, reduzindo a capacidade de fixação de azoto do solo e o rendimento das culturas, causando a acumulação de metais acima das concentrações permitidas nos alimentos para animais e outros produtos.

Alguns compostos inorgânicos, formados durante esta produção, têm um efeito prejudicial nos microrganismos das instalações de tratamento; param ou abrandam os processos de tratamento biológico das águas residuais e a digestão dos sedimentos nos digestores (dispositivos para a digestão anaeróbia de resíduos orgânicos líquidos para produzir metano).

Com a presença simultânea de vários componentes nocivos nas águas residuais da produção galvânica, manifesta-se o seu efeito combinado no corpo humano, nos animais de sangue quente, na flora e na fauna dos reservatórios, na microflora das instalações de tratamento dos reservatórios e nas águas residuais, o que se expressa no efeito da ação mais do que na simples soma.

Os principais componentes da poluição galvânica das águas residuais são as micropartículas, os microrganismos biológicos nocivos e o cloro.

Um método desenvolvido, utilizando um processo de electroflotação de águas residuais e um electroflotador industrial especialmente concebido, do tipo contínuo, 24 horas por dia, alimentado por um painel solar (Figura 12) para o tratamento de águas residuais galvânicas, em que os metais tóxicos (*Zn*) das águas residuais foram recolhidos num coletor recetor e a água tratada era adequada para reutilização no processo eletrogalvânico ou para utilização em várias outras tecnologias sem causar danos catastróficos à flora e à fauna do ambiente.

O zinco puro, obtido a partir do processo de refinação, foi utilizado para reutilização no processo electro-galvânico.

Num electroflotador industrial especialmente concebido, de tipo contínuo e permanente, os compostos de zinco presentes numa água residual dissociam-se em iões:

$$ZnCl_2 = Zn^{+2} + 2\ Cl^{-1}\quad (1.2.21)$$

No processo de electroflotação de águas residuais, quando a corrente contínua é passada através de águas residuais, contendo um composto metálico (*ZnCl₂*), um ião de hidrogénio H^+ e um catião de zinco Zn^{+2} aproximam-se do cátodo durante a eletrólise; o hidrogénio recebe um eletrão e o catião de zinco recebe dois electrões.

Aproximando-se do ânodo estão quatro iões OH^- , que devolvem quatro electrões, e dois aniões Cl^{-1} cloro, que devolvem dois electrões.

Como resultado, o átomo de hidrogénio neutro **H**, formado no cátodo, torna-se instável no estado livre e, tendo-se combinado com outro átomo de hidrogénio vizinho **H**, forma uma molécula de hidrogénio diatómico **H₂** , e o catião de zinco **Zn⁺²** transforma-se num átomo de zinco **Zn**.

No ânodo, o átomo neutro de oxigénio **O** formado no estado livre torna-se instável e, tendo-se combinado com outro átomo vizinho **O**, forma uma molécula diatómica de oxigénio **O₂** .

Além disso, formam-se duas moléculas de água no ânodo.

O átomo de cloro neutro **Cl**, formado no ânodo, combina-se com outro átomo vizinho **Cl** para formar uma molécula diatómica de cloro **Cl₂** .

Como resultado, no cátodo, as bolhas de hidrogénio separam-se e o átomo neutro de zinco precipita-se:

$$H^+ + e = H; H + H = H_2 \uparrow$$
$$Zn^{+2} + 2e = Zn \ (1.2.22)$$

No ânodo serão destacadas duas moléculas de água, as bolhas de hidrogénio e de cloro:

$$2Cl^{-1} - 2e = Cl + Cl = Cl_2 \uparrow$$
$$4OH^- - 4e = 2H_2O + O_2 \uparrow \ (1.2.23)$$

Um método desenvolvido, utilizando um processo de electroflotação de águas residuais e um electroflotador especialmente concebido, alimentado por um painel solar, para o tratamento de águas residuais galvânicas foi testado na fábrica da **Packer YadPaz Tubes and Profiles Ltd** (Kiryat - Malachi, Israel).

A Tabela 4 apresenta os resultados do tratamento das águas residuais da produção galvânica, obtidos após a conclusão do processo tecnológico geral na fábrica da **Packer YadPaz Pipes and Profiles Ltd**.

Tabela 4. *Resultados da purificação das águas residuais da fábrica pelo electroflotador industrial desenvolvido, de tipo contínuo e de funcionamento contínuo.*

	Zinco, Zn^{2+} , mg/l	Cloretos, Cl^- , mg/l
Antes da limpeza	8	250
Métodos conhecidos	0.5-1.0	100-250
Após a limpeza	0	25
MAC, mg/l	0.5	100

Aqui

MAC - concentração máxima admissível - a concentração máxima de elementos químicos e seus compostos no ambiente, na qual a exposição diária ao corpo humano não causa alterações patológicas ou doenças durante um longo período de tempo, determinada por métodos de investigação conhecidos para quaisquer períodos de vida das gerações actuais e subsequentes de pessoas.

O quadro 4 mostra que, após a limpeza, o teor de zinco (Zn^{2+}) diminui de *8 mg/l* para *0*.

Todo o zinco flutua à superfície da água e é recolhido pelo coletor recetor.

O teor de cloro diminuiu de *250 mg/l* para *25 mg/l (90%)*.

O cloro gasoso formado pela ação da corrente contínua sobre as águas residuais da produção electro-galvânica, sob a forma de bolhas de cloro, flutua à superfície das águas residuais e evapora-se.

Os resultados obtidos atestam a elevada eficiência do método desenvolvido, utilizando a electroflotação de águas residuais e um electroflotador industrial especialmente concebido, do tipo contínuo, 24 horas por dia, alimentado por um painel solar, para o tratamento de águas residuais desta empresa electrogalvânica.

O zinco, obtido a partir do processo de purificação, e a água purificada podem ser reutilizados no processo electro-galvânico da fábrica.

A água purificada após a purificação está em conformidade com as normas *MAC* e pode ser utilizada para qualquer processo tecnológico.

O método desenvolvido, utilizando o processo de electroflotação de águas residuais, e o electroflotador industrial especialmente concebido, do tipo contínuo, 24 horas por dia, alimentado por um painel solar, são fáceis de operar, rápida e economicamente, sem o custo do consumo de eletricidade, purificam as águas residuais da indústria electro-galvânica.

Purificação das águas residuais da produção de leite

A principal fonte de águas residuais nas empresas de lacticínios é a lavagem de contentores e equipamentos aquando da limpeza das instalações industriais.

Estas águas residuais incluem perdas de leite, produtos lácteos, resíduos da produção leiteira, reagentes utilizados na lavagem do equipamento e impurezas lavadas da superfície de contentores, pavimentos, etc.

A temperatura média mensal das águas residuais de uma fábrica de lacticínios é de 17-18°C no inverno e de *22-25°C* no verão.

Para as fábricas de conservas de leite e de lacticínios, o *pH* do escoamento está próximo do neutro (*6,8-7,4*).

Para as fábricas de queijo, fábricas de produção de queijo fresco e outros produtos lácteos fermentados, o *pH* das águas residuais é reduzido para *6,2*.
A composição das águas residuais das empresas do sector dos lacticínios é apresentada no Quadro 5.

Tabela 5. *O conteúdo das águas residuais das empresas da indústria de lacticínios. CQO - a carência química de oxigénio define a quantidade de poluentes orgânicos na água; CBO - a carência bioquímica de oxigénio determina a quantidade de bactérias contaminantes nas águas residuais; SS - sólidos suspensos.*

Plantas	SS, mg/l	CQO, mg/l	CBO, mg/l	Gorduras, mg/l	Azoto total, mg/l	Fósforo, mg/l	pH
Fábricas de lacticínios municipais	350	1400	1200	Para 100	60	8	6.6-8.5
Plantas do leite seco e do leite condensado	350	1200	100	Para 100	50	7	6.8-7.4
Fábricas de queijo	600	3000	2400	Para 100	90	16	6.2-7.0

A maior parte das suspensões de águas residuais (até *90%*) são substâncias orgânicas de origem proteica.
A concentração de sólidos em suspensão encontra-se numa vasta gama, dependendo do ciclo tecnológico de produção.
Os valores de *CQO* (a carência química de oxigénio define a quantidade de poluentes orgânicos na água) e de *CBO* (a carência bioquímica de oxigénio determina a quantidade de bactérias contaminantes nas águas residuais) das águas residuais das fábricas de lacticínios também variam muito, sendo em média de *1400* e *1200 mg/l* para as fábricas de lacticínios municipais e de *2400-3000 mg/l* para as fábricas de queijo.
Os valores de *CQO* e *CBO* das águas residuais das fábricas de lacticínios estão na seguinte relação direta *CBO = (0,8-0,84) CQO*, o que permite, conhecendo o valor de *CQO*, calcular aproximadamente a *CBO* das águas residuais de uma fábrica de lacticínios de qualquer perfil.

As águas residuais da produção de leite gordo contêm gorduras na mesma forma que o leite natural. As gorduras do leite são pequenos glóbulos, rodeados por um invólucro de proteína hidratada, libertados durante a produção de natas, natas ácidas e manteiga a partir do leite; onde se fundem e aumentam.

Nas águas residuais das empresas de lacticínios, o azoto está contido sob a forma de grupos amino dos compostos proteicos e de pequenas impurezas de sais de amónio.

A concentração de cloretos nas águas residuais das empresas de lacticínios atinge 800-1000 *mg/l* e a média é de *150-200 mg/l*.

Os principais componentes da poluição das águas residuais do sector leiteiro são as micropartículas, os microrganismos biológicos nocivos e o cloro.

Os ensaios foram efectuados na **empresa Tnuva (*Kiryat Malachi, Israel*)**.

A Tabela 6 apresenta os resultados do tratamento de águas residuais, obtidos após a conclusão do processo tecnológico global na fábrica de ***Tnuva.***

O quadro 6 mostra que, após a limpeza, os sólidos suspensos são reduzidos de *600 mg/l* para *30 mg/l*, *a CQO* é reduzida de *3000 mg/l* para *110 mg/l*, a *CBO* é reduzida de *2400 mg/l* para *25 mg/l*, as gorduras de *100 mg/l para 10 mg/l*, transformando as águas residuais turvas em águas quase límpidas.

Todos os microcomponentes da poluição flutuam até à superfície das águas residuais e são recolhidos pelo coletor recetor.

Após o tratamento das águas residuais, o teor de cloro diminuiu de *260 mg/l para 20 mg/l*.

O cloro gasoso, formado como resultado do impacto da corrente eléctrica nas águas residuais, flutua à superfície das águas residuais sob a forma de bolhas de cloro e evapora-se.

Tabela 6. Resultados da purificação das águas residuais do processo tecnológico geral na fábrica da empresa ***Tnuva***.

	SS, mg/l	CQO, mg/l	CBO, mg/l	Gorduras, mg/l	Cloretos, mg/l
Antes da limpeza	600	3000	2400	100	260
Após a limpeza	30	110	25	10	20

Os resultados obtidos atestam a elevada eficiência do método desenvolvido, utilizando a electroflotação de águas residuais e um electroflotador especialmente concebido, alimentado por um painel solar, para o tratamento das águas residuais desta fábrica de lacticínios.

A água purificada pode ser reutilizada no processo tecnológico desta empresa.

A água purificada após a purificação está em conformidade com as normas *MAC* e pode ser utilizada para qualquer processo tecnológico.

O método desenvolvido, utilizando o processo de electroflotação de águas residuais, e o electroflotador industrial especialmente concebido, do tipo contínuo, 24 horas por dia, alimentado por um painel solar, são fáceis de operar, rápida e economicamente, sem o custo do consumo de eletricidade, purificam as águas residuais da indústria de lacticínios.

Purificação de águas residuais da indústria da pasta e do papel

A indústria da pasta e do papel é o sector mais higroscópico da economia, utilizando diariamente quase *9,2 milhões de* metros cúbicos de água doce.

As águas residuais da indústria da pasta e do papel são geradas: na preparação de soluções químicas; no processo de cozedura de aparas de madeira com soluções químicas; na lavagem da pasta; no branqueamento da pasta; no enchimento, prensagem e secagem da pasta; na evaporação de álcalis.

As águas residuais da produção de pasta e papel têm uma cor diferente, com um elevado teor de substâncias suspensas e orgânicas, com um odor específico.

Existem métodos ácidos (sulfito) e alcalinos (sulfato) para a produção de celulose.

As águas residuais, geradas pelo método do sulfato para a produção de celulose, têm um elevado teor de várias substâncias: *33%* - substâncias inorgânicas e *67%* - substâncias orgânicas.

As águas residuais da produção de sulfito-celulose contêm *10% de* substâncias inorgânicas e *90% de* substâncias orgânicas.

A Tabela 7 apresenta a composição e concentração da poluição das águas residuais da produção de produtos semi-acabados da produção de pasta e papel.

Os fluxos de águas residuais alcalinas da produção de pasta de sulfito contêm: crosta, álcali, celulose, ácido, lamas e cinzas - substâncias com um odor desagradável.

Tabela 7. *Composição e concentração da poluição das águas residuais da produção dos produtos semi-acabados da produção de pasta e papel*

Indicadores, mg/l	Produção de pasta de madeira	Produção artesanal de castanha	Produção de pasta branqueada artesanal	Produção de caldo de castanha artesanal de sulfato	Produção de pasta artesanal branqueada a com sulfato
Temperatura, °C	30	30	40	35	40
Cromaticidade, graus	-	1500	3100	-	-
Odor, pontos	-	3.5	3.5	4	4
SS	1500	105	100	165	132
Dureza total, mg -equiv/l	-	7.5	-	9	7
Resíduos secos	1150	2200	2800	2650	2500
COD	1000	1600	-	1375	1150
CBO_5	40	230	-	185	185
Ião cloreto	-	100	620	-	350

As águas residuais da indústria da pasta de papel e do papel, resultantes de processos de produção isolados, são submetidas a uma primeira depuração local da contaminação alcalina.

Os principais componentes da poluição das águas residuais da produção de pasta de papel e papel são as micropartículas, os microrganismos biológicos nocivos e o cloro.

A Tabela 8 apresenta os resultados do tratamento das águas residuais, obtidos após a conclusão do processo tecnológico global na fábrica da *American Israel Paper Mills Ltd.*

Do quadro 8 conclui-se que, após a limpeza, os sólidos suspensos diminuem de *105 mg/l* para *5 mg/l*, a *CQO* diminui de *1600 mg/l* para *50 mg/l*, a *CBO* diminui de *230 mg/l* para *10 mg/l*, a cor de *1500* graus para *0*, o odor de *3,5* pontos para *0*, transformando as águas residuais turvas em águas quase límpidas.

Tabela 8. *Resultados da purificação das águas residuais, obtidos após a conclusão do processo tecnológico geral na fábrica da empresa* **American Israeli Paper Mills Ltd**

Indicadores, mg/l	Águas residuais	Conhecer os métodos	Método desenvolvido
Temperatura, °C	30	22	22
Cromaticidade, graus	1500	400	0
Odor, pontos	3.5	5	0
SS	105	25	5
COD	1600	350	50
CBO_5	230	25	10
Ião cloreto	100	10	2

Todos os microcomponentes da poluição flutuaram até à superfície da água e foram recolhidos pelo coletor recetor.

O teor de cloro diminuiu de *100 mg/l* para *2 mg/l*.

O cloro gasoso, formado como resultado do impacto da corrente eléctrica nas águas residuais, flutua à superfície das águas residuais sob a forma de bolhas de cloro e evapora-se.

Os resultados obtidos atestam a elevada eficiência do método desenvolvido, utilizando a electroflotação de águas residuais e um electroflotador especialmente concebido, alimentado por um painel solar, para o tratamento das águas residuais desta fábrica de pasta e papel.

A água purificada pode ser reutilizada no processo tecnológico desta empresa.

A água purificada após a purificação está em conformidade com as normas *MAC* e pode ser utilizada para qualquer processo tecnológico.

O método desenvolvido, utilizando o processo de electroflotação de águas residuais, e as águas residuais de esgotos da indústria da pasta e do papel, especialmente concebidas, geradas como resultado de processos de produção isolados, sofrem a primeira purificação local da contaminação alcalina.

Os principais componentes da poluição das águas residuais da produção de pasta de papel e papel são as micropartículas, os microrganismos biológicos nocivos e o cloro.

A Tabela 6 mostra os resultados do tratamento de águas residuais, obtidos após a conclusão do processo tecnológico global na fábrica da **American Israel Paper Mills Ltd**.

O método desenvolvido, utilizando o processo de electroflotação de águas residuais, e o electroflotador industrial especialmente concebido, do tipo contínuo, 24 horas por dia, alimentado por um painel solar, são fáceis de operar, rápida e economicamente, sem o custo do consumo de eletricidade, purificam as águas residuais da indústria da pasta e do papel.

Tecnologia avançada de concentração permanente de *células de Chlorella* ou *Dunaliella a* partir de água "verde" de um lago num ciclo ecológico fechado sob a influência da energia solar num painel **solar**

As zonas "verdes" estagnadas dos lagos de água doce, formadas em resultado do aumento da proliferação de fitoplâncton (***Chlorella*, *Dunaliella***) na água estagnada sob a influência do sol, representam uma séria ameaça para o ambiente, levando à morte de fitoplâncton (***Chlorella*, *Dunaliella***) e de peixes que emitem sulfureto de hidrogénio e poluem a água que é imprópria mesmo para uso agrícola.

A este respeito, o desenvolvimento de um ciclo ecológico fechado, incluindo a concentração de fitoplâncton a partir da "água verde" do lago, que permite utilizar a maior parte do concentrado de células de fitoplâncton de reprodução rápida de alta qualidade resultante para produzir biocombustível de alta qualidade, e devolver o restante ao lago purificado para uma reprodução mais intensiva das células de fitoplâncton no lago de água purificada, que promove a fotossíntese nestas células sob a influência da luz solar, ou seja, a absorção de dióxido de carbono e o enriquecimento da atmosfera com oxigénio, e a utilização destas células como alimento para a reprodução dos peixes no lago, torna-se uma tarefa urgente.

O processo de obtenção de biocombustível é acompanhado por uma redução das emissões de gases com efeito de estufa, o que também tem um efeito positivo no ambiente.

As zonas "verdes" estagnadas de lagos de água doce, formadas em resultado do aumento da proliferação de fitoplâncton no processo de eletrólise da "água verde", no electroflotador desenvolvido, geraram bolhas de hidrogénio de eletrólise microdispersas com carga negativa, de tamanho uniforme, ligeiramente propensas a aderir após a separação do cátodo e mantendo um diâmetro constante durante o tempo de residência na "água verde".

Após a formação e o desprendimento da superfície do cátodo, uma bolha de hidrogénio de eletrólise microdispersa e carregada negativamente, que flutua para a superfície livre da "água verde" devido à ação da força de Arquimedes, encontra uma célula de fitoplâncton (**Chlorella** ou **Dunaliella**) no seu caminho.

As bolhas de hidrogénio microdispersas, carregadas negativamente, são atraídas pela sua superfície para a camada exterior, carregada positivamente, da bicamada fosfolipídica da membrana de uma célula fitoplanctónica muito maior, formando um forte contacto com ela, devido à ação num sentido da força eletrostática de atração de cargas opostas e da força de tensão superficial, que forma um forte contacto com esta camada (Figura 13).

A microdispersão de bolhas de hidrogénio permite cobrir completamente toda a superfície de uma célula biológica de fitoplâncton se o tamanho da célula de fitoplâncton (**Chlorella** ou **Dunaliella**) exceder significativamente o tamanho da bolha de hidrogénio microdispersa (Figura 14).

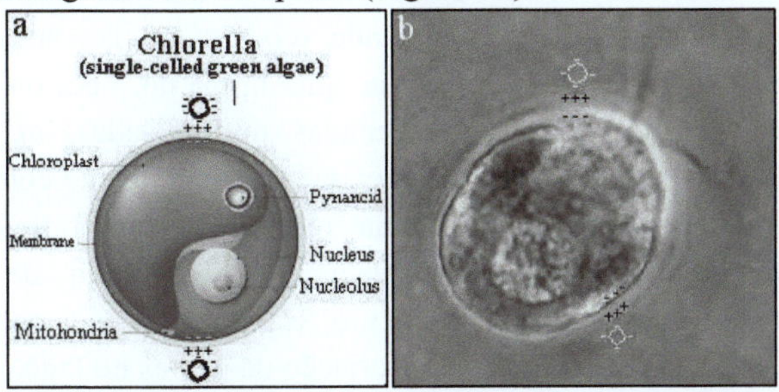

Figura 13. *A bolha microdispersa de hidrogénio com carga negativa ligada electrostaticamente a cargas positivas no lado exterior da bicamada fosfolipídica das membranas celulares de **Chlorella** (a) e **Dunaliella** (b), com cargas negativas no lado interior*

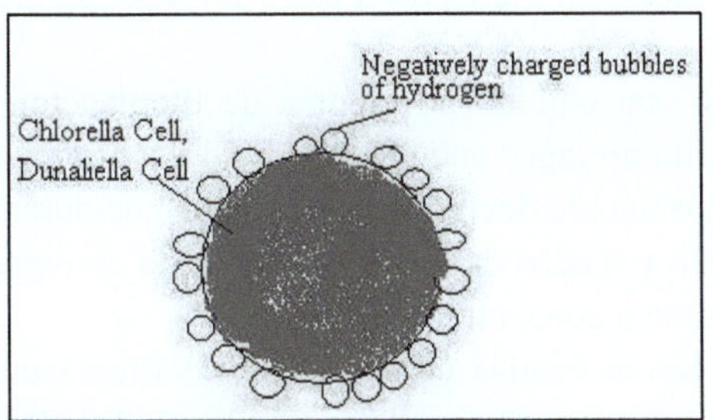

Figura 14. *Célula **de Chlorella** ou de **Dunaliella**, coberta pelas bolhas de hidrogénio, se o tamanho da célula for muito superior ao tamanho da bolha de hidrogénio.*

Como resultado, o volume das células de fitoplâncton (*Chlorella* ou *Dunaliella*) aumenta consideravelmente e, sob a influência de uma força de Arquimedes significativamente aumentada, os complexos: célula de fitoplâncton + bolhas de hidrogénio de eletrólise microdispersas e carregadas negativamente flutuam à superfície livre da "água verde" a uma velocidade maior, formando um concentrado de fitoplâncton espumoso.

A formação de complexos tão fortes e a sua flutuação para a superfície livre da "água verde" devido a um aumento do volume do complexo torna possível elevar uma célula de fitoplâncton que anteriormente não podia flutuar.

O ciclo ecológico fechado desenvolvido proporciona a concentração de alta qualidade de fitoplâncton da "água verde" do lago, não só para restaurar a água doce do lago sem sulfureto de hidrogénio, mas também para utilizar eficazmente a parte principal do concentrado de fitoplâncton espumoso (*Chlorella* ou *Dunaliella*) obtido, formado durante a concentração, para obter biocombustível e glicerina de alta qualidade, e o restante para ser devolvido ao lago para fins de reprodução intensiva na água limpa do lago, o que contribui para o aumento da fotossíntese das células multiplicadas, ou seja, maior absorção de dióxido de carbono e enriquecimento do ambiente com oxigénio, e para utilizar o concentrado de espuma resultante como alimento para a piscicultura no lago.Isto é, maior absorção de dióxido de carbono e enriquecimento do ambiente com oxigénio, e para utilizar o concentrado de espuma resultante como alimento para a criação de peixes no lago.

A utilização eficaz da parte principal do concentrado de fitoplâncton espumoso resultante, formado durante a concentração, para obter biocombustíveis e glicerol de alta qualidade é realizada da seguinte forma [9]: extração de concentrado de fitoplâncton de alta qualidade através da utilização de hexano puro; produção de biodiesel e glicerol a partir do óleo extraído, utilizando uma reação de redução.

A parte restante do concentrado de espuma de fitoplâncton de alta qualidade resultante é devolvida ao lago, onde as células do concentrado de fitoplâncton se multiplicam intensamente devido à energia, recebida durante a concentração, devido à fosforilação e à ação da solução de católito carregada negativamente, que as envolve durante a concentração.

A fotossíntese de novas células concentradas de fitoplâncton, devolvidas ao lago, produz energia interna adicional nas células de fitoplâncton devido à sua segunda fase, a glicólise.

A energia libertada induz a célula do fitoplâncton a formar autósporos - formações rudimentares a partir das quais surgem as células filhas.

Cada célula filha que realiza a fotossíntese na água do lago cresce e, por sua vez, atinge um tamanho grande e a maturidade.

No seu interior, formam-se dois, quatro e, nestas condições, 16 autósporos. Rompendo a casca da célula-mãe, entram na água do lago, dando origem a uma nova geração de células-filhas, contendo muita clorofila e capazes de recomeçar rapidamente uma fotossíntese vigorosa, crescer e efetuar o mesmo ciclo de vida que as células das gerações anteriores (Figura 15)

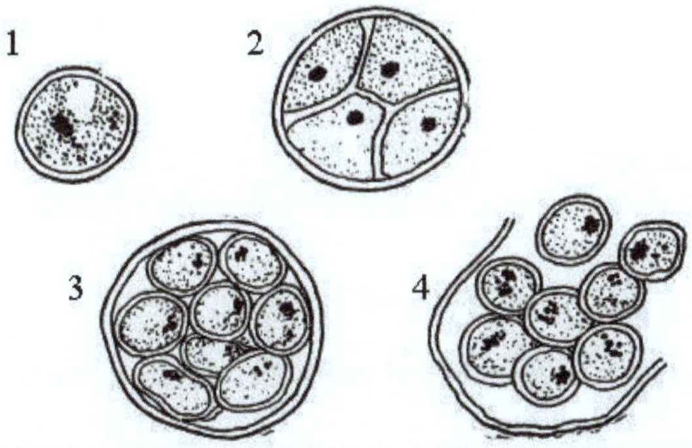

Figura 15: Esquema de reprodução das células do fitoplâncton

Nas formas muito activas em tais condições, o ciclo de vida é determinado por vários segundos.

A fotossíntese é um processo no qual a energia electromagnética do Sol é absorvida pelo aparelho fotossintético das células do fitoplâncton - clorofila e pigmentos auxiliares, bem como a utilização do dióxido de carbono atmosférico devido à sua transformação em compostos orgânicos complexos e ao enriquecimento da atmosfera com oxigénio [10].

A natureza bioquímica da geração de fotossíntese do concentrado de células de **Chlorella** e da glucose no seu interior na água do lago, utilizando a energia solar, é a seguinte

A fotossíntese é o processo de absorção, pela célula **Chlorella**, de dióxido de carbono CO_2 , convertendo-o em glicose, e de libertação, pela célula **Chlorella, de** oxigénio O_2 da água contida na célula, utilizando os raios de luz que atravessam os cloroplastos e os pigmentos verdes da célula.

Os cloroplastos e as dobras da membrana citoplasmática da célula *Chlorella* contêm um pigmento verde - a clorofila, cujas moléculas, quando excitadas pela luz solar, cedem os seus electrões, ficando vazias (com carga positiva).

Estes electrões são captados pelos transportadores de electrões nicotinamida-adenadinucleótido na forma oxidativa (*NADox*) e nicotinamida-adenadinadinucleótido na forma redutora (*NADH*).

Neste caso, a energia libertada pela transferência de electrões é gasta no aquecimento do espaço circundante, em parte na formação e reserva de ácido adenosinotrifosfórico (*ATP*), cujo papel principal na célula está associado ao fornecimento de energia para numerosas reacções bioquímicas.

O processo de fotossíntese divide-se num estado induzido pela luz e num estado não induzido pela luz associado à fixação de fases: fases clara e escura (Figura 16).

Durante a fase de luz:

1. A água na célula dissocia-se no catião hidrogénio H^+ e no anião hidroxilo OH^- :

$$H_2 O \leftrightarrow H^+ + OH^- \quad (1.2.24)$$

2. Quando expostas à luz solar, as moléculas de clorofila ficam excitadas, doando os seus electrões, tornando-se assim vacâncias positivas.

Estes electrões, como já foi referido, são parcialmente captados pelo transportador de electrões nicotinamida adenina dinucleótido na forma oxidativa (*NADox*), reduzindo a nicotinamida adenina dinucleótido à forma redutora (*NADH*).

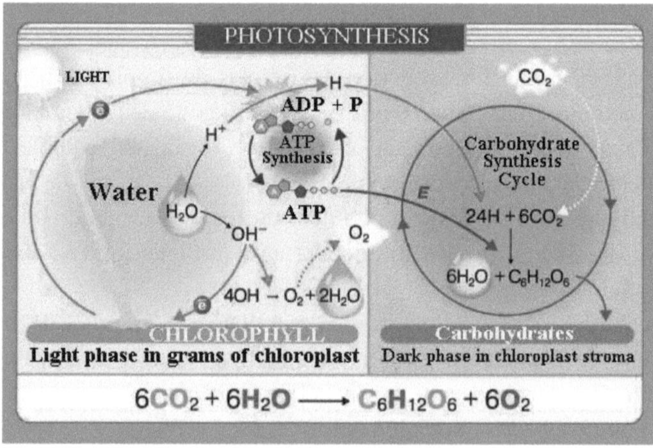

Figura 16. *Fotossíntese*

Neste caso, a energia libertada pela transferência de electrões é gasta no aquecimento do espaço circundante, na formação e na reserva de ácido adenosina trifosfórico (**ATP**), cujo papel principal na célula está associado ao fornecimento de energia para numerosas reacções bioquímicas.

Outra parte dos electrões neutraliza os catiões de hidrogénio H^+ da água dissociada da célula, passando para a zona escura, em átomos de hidrogénio neutros H:

$$H^+ + e^- \rightarrow H \rightarrow \text{energia de transferência de electrões}$$
(1.2.25)

Os átomos de hidrogénio neutros resultantes num Estado Livre tornam-se instáveis e entram facilmente em reacções químicas.

Os quatro aniões hidroxilo da água dissociada da célula, atraídos pelas moléculas de clorofila que se tornaram positivas, cedem quatro electrões, formando duas moléculas de água e uma molécula de oxigénio sob a forma de uma bolha de oxigénio, que a célula de Chlorella liberta para o exterior:

$$4OH^- - 4e^- \rightarrow 2H_2O + O_2 \uparrow \quad (1.2.26)$$

Durante a fase escura:

1. Os **24** átomos de hidrogénio **H**, neutralizados na fase clara, no estado livre tornam-se instáveis e na fase escura reagem com 6 moléculas de dióxido de carbono CO_2, assimiladas pela célula.

Ao resultado da reação juntam-se **6 moléculas** de água **6H_2O**, obtidas na fase luminosa devido à atração pelas moléculas de clorofila, que se tornaram positivas, de quatro aniões hidroxilo **4OH^-** água dissociada, que cedem quatro electrões, formando duas moléculas de água e uma molécula de oxigénio sob a forma de uma bolha de oxigénio, pelo que, no estroma (espaço entre os grânulos) dos cloroplastos, utilizando a energia do **ATP**, forma-se glicose **C H O_{6126}** na fase escura.

Assim, a equação comum para a fotossíntese será:

$$6CO_2 + 6H_2O \rightarrow C\,H\,O_{6126} + 6O_2 \uparrow \quad (1.2.27)$$

2. A glicose, sintetizada pela fotossíntese na zona escura durante a clivagem sem oxigénio (glicólise), é a principal fonte de energia da célula *de Chlorella.*

A glicólise é um processo em várias etapas de decomposição, sem oxigénio, da glicose ($C\,H\,O_{6126}$) em ácido pirúvico ($C\,H\,O$). $_{343}$

As reacções de glicólise são catalisadas por enzimas especiais e ocorrem no citoplasma da célula *de Chlorella* (Figura 17).

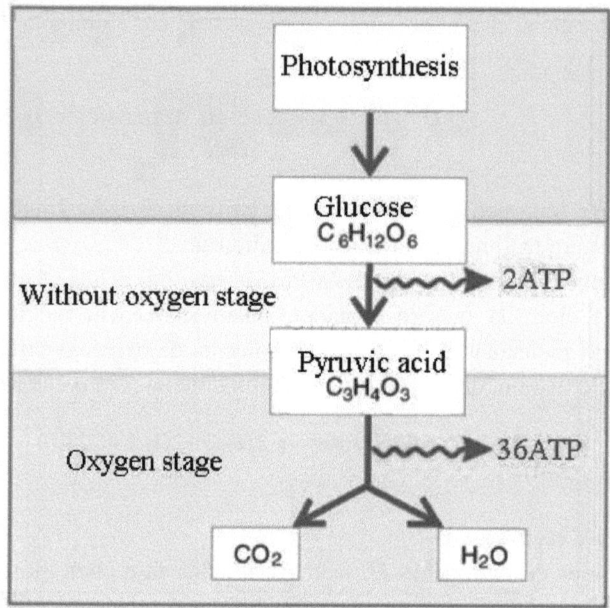

Figura 17. *Diagrama das fases de degradação da glucose*
Neste caso, é libertada energia, parte da qual é dissipada sob a forma de calor, e a restante é utilizada para a síntese de 2 moléculas de ATP.

Durante a glicólise, cada molécula de glucose é decomposta em duas moléculas de ácido pirúvico.

Os produtos intermédios da glicólise sofrem uma oxidação - são separados átomos de hidrogénio, que são utilizados para repor *o NADH*.

Assim, o processo de glicólise pode ser expresso pela seguinte equação resumida (para simplificar, as moléculas de água não são indicadas em todas as equações de reacções de troca de energia, formadas durante a síntese de *ATP*):

$$C\,H\,O_{6126} + 2NADH + 2ADP + 2H\,PO_{34} \rightarrow 2C\,H\,O_{343} + 2NADH + H^+ + 2ATP$$
(1.2.28)

Como resultado da glicólise, apenas cerca de *5%* da energia, contida nas ligações químicas das moléculas de glicose.

Uma parte significativa da energia está contida no produto da glicólise - o ácido pirúvico.

Assim, após a fase sem oxigénio da glicólise, vem a fase final com oxigénio.

O ácido pirúvico, formado como resultado da glicólise, entra na mitocôndria da célula *Chlorella*, onde é completamente decomposto e oxidado nos produtos finais - CO_2 e H_2O.

O NAD reduzido$_{ox}$, produzido durante a glicólise, também entra na mitocôndria, onde sofre oxidação.

Durante a fase de oxigénio, o oxigénio é consumido e são sintetizadas *36* moléculas *de ATP* (por cada *2* moléculas de ácido pirúvico).

O CO_2 é libertado das mitocôndrias para o hialoplasma da célula *Chlorella e* depois para o ambiente.

Assim, a equação geral da glicólise com oxigénio pode ser representada da seguinte forma

$$2C\ H\ 0_{343} +6O_2 +2NADH+H^+ +36ADP+36H\ P0_{34} \rightarrow 6C0_2 +6H_2\ 0+2NAD_{ox} +6ATP$$

(1.2.9)

Para a aplicação prática do ciclo ecológico fechado desenvolvido, que inclui o método de concentração de fitoplâncton da "água verde" do lago, que não só repõe a água doce no lago, mas também é eficazmente utilizado para remover o dióxido de carbono, o sulfureto de hidrogénio e enriquecer o ambiente com oxigénio, foi concebido um electroflotador especial.

O electroflotador-concentrador industrial desenvolvido, de tipo contínuo e de funcionamento contínuo, ao contrário dos electroflotadores existentes, possui uma base de eletrólise que não contém eléctrodos, os quais utilizam uma malha densa com pequenas células.

O elétrodo inferior (cátodo) da base de eletrólise é um disco de grafite queimada, fixado na base do electroflotador-concentrador.

O elétrodo superior (ânodo) da base de eletrólise, feito de aço inoxidável, é uma malha com células grandes.

Entre os eléctrodos existe um dispositivo especial para regular a distância interelectrodos, fixado no cátodo e feito de um material não condutor.

O painel solar é ligado aos eléctrodos de electroflotação através de um dispositivo de encaixe especial.

O pólo negativo do semicondutor de silício de *tipo N* do painel solar e o pólo positivo do semicondutor de silício de *tipo P* do painel solar estão ligados em paralelo a uma lâmpada de iluminação (12), carregada pela luz do dia do painel solar, que se acende quando não há luz e que, em vez dos raios solares, ilumina o painel solar de noite até de manhã.

A câmara de flotação do electroflotador-concentrador industrial, de tipo contínuo e de funcionamento contínuo, tem uma forma cilíndrica e, por conseguinte, não apresenta zonas de estagnação para os complexos concentrados de espuma de fitoplâncton que flutuam na superfície livre da "água verde" do lago.

A figura 18 mostra o esquema geral do ciclo ecológico fechado desenvolvido, que inclui a conceção de um electroflotador-concentrador industrial especialmente concebido, do tipo contínuo, que funciona 24 horas por dia, alimentado por um painel solar, e o princípio do seu funcionamento.

Estruturalmente, o ciclo ecológico fechado desenvolvido contém um electroflotador-concentrador industrial especialmente concebido, de tipo contínuo e permanente, alimentado por um painel solar através de eléctrodos (1), que estão ligados a um semicondutor de silício do tipo *N* (2) e a um semicondutor de silício *do tipo P* (3), com uma câmara de flotação (6), feita sob a forma de um recipiente retangular, cujos cantos estão equipados com inserções especiais, pelo que a parte interior da câmara assume a forma de um cilindro e a parede superior traseira está equipada com um refletor.

O pólo negativo do semicondutor de silício de *tipo N* do painel solar e o pólo positivo do semicondutor de silício de *tipo P* do painel solar estão ligados em paralelo a uma lâmpada de iluminação (12), carregada pela luz do dia do painel solar, que se acende quando não há luz e que, em vez dos raios solares, ilumina o painel solar de noite até de manhã.

No processo de purificação da "água verde" do lago, a "água verde" entra na câmara de flutuação (6) através de um tubo com uma válvula (4), uma bolsa (5) e uma ranhura (7), para concentrar as células de fitoplâncton da "água verde" do lago e recircular a "água verde" purificada de volta para o lago.

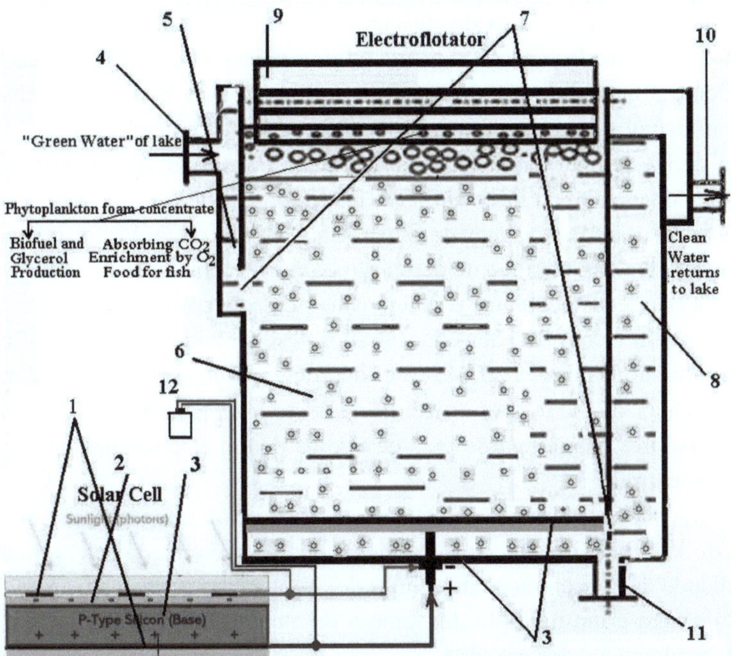

Figura 18. *Esquema geral do ciclo ecológico fechado desenvolvido, que inclui a conceção de um electroflotador-concentrador industrial especialmente concebido, do tipo contínuo, que funciona 24 horas por dia, alimentado por um painel solar, e o princípio do seu funcionamento.*

A água pura, depois de passar pela câmara de pós-tratamento (8), é descarregada do electroflotador através de uma bolsa e de um tubo de drenagem com uma torneira (10) para o lago.

Complexos flutuantes: bolhas de hidrogénio microdispersas + células de fitoplâncton são recolhidas numa camada de concentrado de espuma de células de fitoplâncton na parte superior da câmara de flotação e são removidas por um dispositivo de pás (9) para uma cápsula recetora especial, de onde a parte principal do concentrado de espuma de células de fitoplâncton é utilizada para obter biocombustível e glicerina, e o restante é devolvido ao lago, onde as células do concentrado de espuma de fitoplâncton se multiplicam intensamente devido à energia libertada no interior das células de fitoplâncton, obtida no electroflotador devido à fosforilação e à ação da solução de catolito carregada negativamente que as envolve, o que contribui para a sua fotossíntese, ou seja, para a absorção de dióxido de carbono e para o enriquecimento do meio ambiente.absorvendo o dióxido de carbono e enriquecendo o ambiente com oxigénio, e utilizando-o como alimento para os peixes reprodutores do lago.

O elemento principal do electroflotador-concentrador é a base de eletrólise (3), ligada ao painel solar sob a forma de uma forquilha e contendo um mecanismo especial, feito de material não condutor, fixado no cátodo, que permite ajustar facilmente o tamanho do intervalo interelectrodo.

Após a conclusão da lavagem do electroflotador e a remoção de toda a água residual, é fornecido um tubo de derivação com uma torneira (11).

A válvula está fechada durante o funcionamento do electroflotador.

Uma vez que o electroflotador-concentrador desenvolvido é um electroflotador de tipo contínuo, é possível utilizá-lo de acordo com um esquema modular.

No esquema modular dos electroflotadores, a ligação em série dos electroflotadores é uma ligação em que a saída de um electroflotador é ligada à entrada de outro.

A qualidade da concentração de células de fitoplâncton e a depuração da "água verde" do lago para dois electroflotadores ligados em série, ou seja, a melhoria da qualidade da concentração de células de fitoplâncton e a depuração da "água verde" do lago é um múltiplo do número de electroflotadores numa cadeia de electroflotadores ligados em série.

Numa cadeia modular de electroflotadores, uma ligação paralela de electroflotadores é uma ligação em que a "água verde" do lago flui através de um tubo de entrada comum simultaneamente para todos os electroflotadores, e os concentrados de células de fitoplâncton e a água purificada saem de todos os electroflotadores para os tubos de saída comuns de concentrado e água pura ao mesmo tempo.

A quantidade de água purificada por dois electroflotadores ligados em paralelo é duplicada, ou seja, a quantidade de água purificada é um múltiplo do número de electroflotadores numa cadeia de electroflotadores ligados em paralelo.

Assim, a tecnologia avançada desenvolvida para a concentração permanente do fitoplâncton da água "verde" do lago num ciclo ecológico fechado proporciona uma concentração de alta qualidade do fitoplâncton da "água verde" do lago, não só para restaurar a água doce do lago sem sulfureto de hidrogénio, mas também para utilizar eficazmente a parte principal do concentrado de fitoplâncton espumoso (*Chlorella* ou *Dunaliella*) obtido, formado durante a concentração, para obter biocombustível e glicerina de alta qualidade, e o restante para ser devolvido ao lago com o objetivo de reprodução intensiva na água limpa do lago, o que contribui para o aumento da fotossíntese das células multiplicadas, i. e., aumento da absorção de dióxido de carbono e de água.Isto é, maior absorção de dióxido de carbono e enriquecimento do ambiente com oxigénio, e para utilizar o concentrado de espuma resultante como alimento para a criação de peixes no lago.

Tecnologia avançada de concentração de sumo 24 horas por dia sob influência da energia solar em painel solar

A essência do método desenvolvido de concentração contínua de sumo fresco é que no electroflotador-concentrador desenvolvido, que funciona a partir de uma unidade de painel solar, é utilizada a iluminação do painel solar durante o dia e uma lâmpada na unidade de painel solar, constituída por LED, alimentada por uma bateria interna, carregada durante o dia, à noite, ocorre o processo de eletrólise contínua de sumo fresco, em resultado do qual são geradas bolhas de hidrogénio de eletrólise microdispersas e carregadas negativamente, controladas pela tensão fornecida pelo painel solar aos eléctrodos de um electroflotador-concentrador concebido, no qual, ao contrário dos electroflotadores existentes que utilizam como ânodo uma malha metálica com células pequenas, o que leva à formação de depósitos de sal no ânodo, cobrindo firmemente a superfície do ânodo, o que pode levar a uma paragem completa do processo de electroflotação, é utilizada uma estrutura metálica com células grandes, o que elimina a salinização do ânodo durante o processo de electroflotação.

Durante a eletrólise do componente de água do sumo fresco num electroflotador-concentrador especialmente concebido, formam-se intensamente bolhas de hidrogénio de eletrólise carregadas negativamente da dispersão calculada, que flutuam para a superfície livre do componente de água do sumo fresco e encontram no seu caminho micropartículas sólidas de sacarose, açúcar e ácido, significativamente maior em tamanho do que a bolha de hidrogénio da eletrólise microdispersa, induz uma carga positiva na superfície exterior das micropartículas de sacarose, açúcar e ácido e fixa-se nelas devido à ação da força de atração eletrostática e da força de tensão superficial, actuando na mesma direção, criando assim fortes complexos: uma bolha (ou bolhas) de eletrólise microdispersa, carregada negativamente, de hidrogénio + uma micropartícula sólida de sacarose, açúcar e ácido de sumo fresco.

A figura 19 mostra esquematicamente a conceção do electroflotador-concentrador industrial desenvolvido, do tipo contínuo, que funciona 24 horas por dia, alimentado por uma célula solar de um painel solar, e o princípio do seu funcionamento no processo de concentração contínua do sumo acabado de espremer.

Um electroflotador-concentrador estruturalmente concebido para a concentração contínua de sumo acabado de espremer, alimentado por corrente eléctrica direta da célula solar do painel solar através de eléctrodos (1), ligando o elétrodo negativo da camada semicondutora de silício de *tipo N* (2) ao terminal catódico do electroflotador-concentrador, localizado num dispositivo de encaixe especial, a camada semicondutora de silício de *tipo P* (3) com o terminal anódico do electroflotador-concentrador, localizado num dispositivo de encaixe especial, tem uma câmara de flutuação (6), feita sob a forma de um recipiente retangular, cujos cantos estão equipados com inserções especiais, em resultado das quais o interior

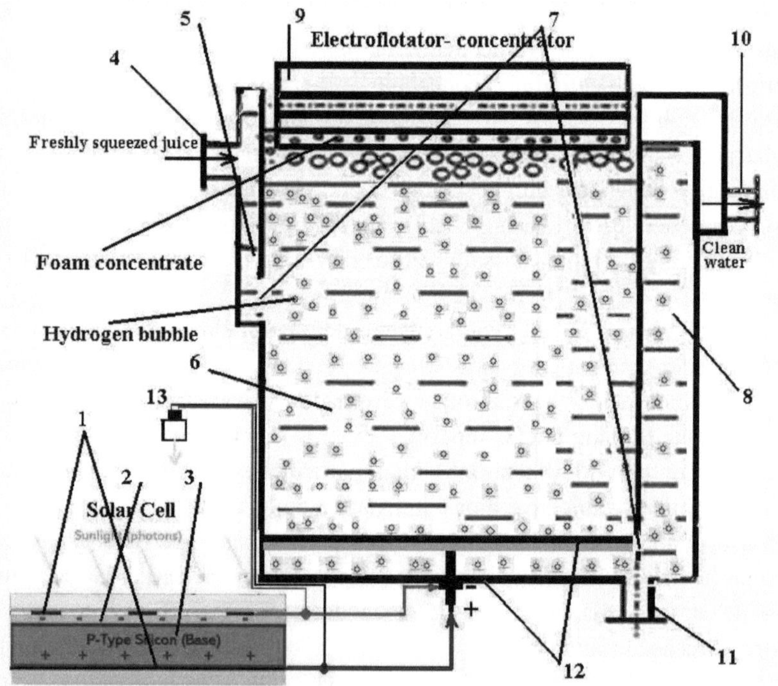

Figura 19: *Desenho do electroflotador-concentrador industrial desenvolvido, de tipo contínuo, alimentado por um painel solar de células solares.*

Parte da câmara tem a forma de um cilindro, e a parte superior traseira da parede está equipada com um refletor.

O pólo negativo do semicondutor de silício de *tipo N* do painel solar e o pólo positivo do semicondutor de silício de *tipo P* do painel solar estão ligados em paralelo a uma lâmpada de iluminação (13), carregada pela luz do dia do painel solar, que se acende quando não há luz e que, em vez dos raios solares, ilumina o painel solar de noite até de manhã.

O elemento principal do electroflotador-concentrador desenvolvido é a base de eletrólise (12), ligada à célula solar do painel solar com um dispositivo de encaixe especial e contendo um mecanismo especial, feito de material não condutor, instalado no cátodo, que permite ajustar simplesmente o tamanho do intervalo interelectrodo.

Durante o processo de concentração, o sumo acabado de espremer entra na câmara de flotação - 6 através de um tubo com uma válvula (4), uma bolsa (5) e uma ranhura (7).

Quando a tensão DC é aplicada aos eléctrodos da base de eletrólise, ocorre a eletrólise do componente água da água do sumo acabado de espremer, gerando intensamente bolhas de hidrogénio de eletrólise microdispersas com carga negativa, que, flutuando para a superfície livre do sumo acabado de espremer, encontram no seu caminho micropartículas sólidas de sacarose, açúcar e ácido, cujo tamanho é muito maior do que o tamanho das bolhas de hidrogénio microdispersas, induzem uma carga positiva na superfície das micropartículas e, devido à força resultante de atração eletrostática de cargas opostas e forças de tensão superficial, actuando numa direção, são fixadas na superfície de micropartículas sólidas, formando espuma a partir de bolhas de hidrogénio e micropartículas sólidas de sacarose, açúcar e ácido, cujo volume de elevação aumenta acentuadamente e, devido ao aumento da força de Arquimedes, a espuma acelera para a superfície livre do sumo do electroflotador acabado de espremer.

A espuma concentrada de bolhas de hidrogénio e micropartículas sólidas de sacarose, açúcar e ácido é recolhida na parte superior da câmara de flotação e removida por um dispositivo de pá (9) para uma cápsula recetora especial.

A água limpa, depois de passar pela câmara de pós-tratamento (8), é drenada do electroflotador-concentrador através de uma bolsa e de um tubo de drenagem com uma torneira - (10).

Após completar a lavagem do electroflotador-concentrador e remover toda a água restante, é fornecido um tubo com uma torneira (11).

Na fábrica de *Ganir* (*Israel*), uma fábrica desenvolvida, foi testada a electroflotador-concentração contínua de sumo acabado de espremer, utilizando a eletrólise de sumo acabado de espremer num electroflotador-concentrador especialmente concebido, gerado por corrente eléctrica direta de uma célula solar de painel solar.

Os ensaios foram realizados num electroflotador-concentrador industrial especialmente concebido para o efeito, do tipo contínuo e permanente (Figura 13), que gera a eletrólise do componente aquoso do sumo acabado de espremer com uma corrente eléctrica contínua, proveniente da célula solar do painel solar, provocando uma intensa formação de complexos espuma carregada negativamente microbolhas de hidrogénio eletrolítico dispersas + micropartículas sólidas de sacarose, açúcar e ácido, que flutuam para a superfície livre do sumo acabado de espremer, obtendo-se assim um concentrado de sumo de alta qualidade, bem como água pura purificada.

A espuma concentrada de bolhas de hidrogénio e micropartículas sólidas de sacarose, açúcar e ácido é recolhida na parte superior da câmara de flotação do electroflotador-concentrador e removida por um dispositivo de pás para uma cápsula especial para receber o sumo concentrado.

Os resultados da concentração são apresentados no quadro 8 (**I.R.D Laboratories**).

O tempo total do processo de concentração do sumo foi de *18 segundos*,

O parâmetro *Brix* no Quadro 8 é uma medida da razão entre a massa de sacarose, dissolvida em água, e o líquido.

O parâmetro *Ratio* no Quadro 8 é o rácio de açúcar e ácidos no concentrado obtido

O quadro 9 mostra os resultados da obtenção de um sumo concentrado de alta qualidade.

Tabela 9. *Resultados dos ensaios de concentração de sumo, utilizando a eletrólise de sumo acabado de espremer num electroflotador-concentrador industrial de tipo contínuo, especialmente concebido, gerado por corrente eléctrica contínua a partir de uma célula solar de painel solar*

°Brix	Rácio	Ácido ascórbico, Mg/L	Pasta, %
65,5	19,2	11.4	10

O concentrado obtido é um sumo de espuma altamente concentrado com micropartículas sólidas de sacarose e açúcar, que pode ser utilizado para preparar um cocktail de hidrogénio com vários aditivos de sumo de fruta de diferentes frutos.

Para determinar as alterações nos parâmetros do concentrado de sumo espumoso, apresentados na Tabela 9, decidiu-se determinar os parâmetros da água residual (purificada), descarregada da câmara de flotação do electroflotador-concentrador após a concentração do sumo, para a utilização do electroflotador-concentrador desenvolvido no processo de tratamento de águas residuais, obtidas após um processo geral na fábrica.

A tabela 10 apresenta os resultados do tratamento das águas residuais, obtidos após a conclusão do processo tecnológico geral na fábrica de *Ganir* (*laboratórios do I.R.D.*).

Tabela 10. *Resultados da purificação das águas residuais da fábrica* **Ganir**

	°Brix	Pasta, %	COD, мг/л
Antes da limpeza	0.4	2.5	7100
Após a limpeza	0.1	0	80

O parâmetro **CQO** (carência química de oxigénio) do quadro 9 determina a quantidade de poluentes orgânicos da água.

O quadro 9 mostra que o parâmetro °**Brix** diminuiu de **0,4** para **0,1**, e a celulose de **2,5%** para **0**.

A diminuição dos valores destes parâmetros é explicada pelo aumento do seu conteúdo no sumo concentrado após a purificação.

Deve ser dada atenção ao parâmetro **COD**, que é o principal indicador da poluição da água por substâncias orgânicas.

Como se pode ver na Tabela 10, após o tratamento, *a CQO* diminuiu de *7100 mg/l* para *80 mg/l*, o que indica a elevada eficiência do método desenvolvido de concentração de sumo para o tratamento de águas residuais nesta estação.

A concentração de sumo fresco assim desenvolvida, utilizando a eletrólise do componente aquoso do sumo fresco, gerada pela corrente eléctrica direta de uma célula solar de um painel solar, conduz à formação de complexos: bolhas de hidrogénio da eletrólise microdispersa de espuma carregada negativamente + micropartículas sólidas de sacarose, açúcar e ácido, que flutuam para a superfície livre do sumo fresco espremido, produzindo o concentrado de sumo fresco de alta qualidade.

No processo de concentração de sumo acabado de espremer, a água não é removida do sumo, mas garante que um concentrado de sumo espumoso de alta qualidade é obtido num concentrador-electroflotador de forma simples, rápida e económica (sem o custo da eletricidade).

Os testes realizados confirmaram a produção de sumo fresco concentrado de alta qualidade através da concentração desenvolvida no electroflotador-concentrador de tipo contínuo, industrial e de conceção especial.

Os testes também mostraram que a concentração de sumo fresco desenvolvida e um electroflotador-concentrador especialmente concebido podem ser eficazmente utilizados para o tratamento de águas residuais nesta fábrica.

1.3 Implementação do curso 24/7 de métodos previamente desenvolvidos de geração contínua de hidrogénio e oxigénio gasosos e funcionamento ininterrupto do motor do carro elétrico sob a influência da energia luminosa no painel solar.

A utilização do mecanismo acima descrito teoricamente para criar um processo ininterrupto de eletrólise da água comum num electroflotador-gerador de tipo contínuo de duas câmaras especialmente concebido, alimentado pela energia luminosa da lâmpada interior de um veículo elétrico, que actua no painel solar, conduziu à produção ininterrupta (poupança de energia) e contínua de gases de hidrogénio e oxigénio que alimentam ininterruptamente (poupança de energia) e continuamente a célula de combustível de um veículo elétrico para o seu funcionamento contínuo e ininterrupto do motor, devido a uma base de eletrólise especialmente concebida do electroflotador-gerador, que inclui uma membrana feita de material de mangueira de incêndio, colocada entre os eléctrodos, e um mecanismo para ajustar o intervalo entre os eléctrodos, localizado na parte inferior de um electroflotador-gerador de duas câmaras de forma especial.

O electroflotador-gerador de tipo contínuo de duas câmaras desenvolvido, alimentado pela energia luminosa da lâmpada interior de um veículo elétrico, que actua no painel solar, funciona continuamente em ciclo fechado: tanque com

gerador de água + hidrogénio: formação de gases de hidrogénio e oxigénio + carregamento da pilha de combustível e funcionamento do motor do veículo elétrico + água gerada + depósito com água normal.

A produção ininterrupta (com poupança de energia) de oxigénio e hidrogénio no electroflotador-gerador e, por conseguinte, o carregamento contínuo ininterrupto da célula de combustível de um veículo elétrico para o seu movimento ininterrupto é assegurada pela utilização de uma lâmpada, que actua sobre o painel solar, como carga eléctrica para o electroflotador-gerador, incluindo um LED com um carregador de luz diurna, que permite, com economia de energia, durante o funcionamento do electroflotador-gerador, iluminar alternadamente o painel solar com a luz interior do veículo elétrico e, quando esta se apaga, com um LED alimentado pela bateria carregada durante o funcionamento da luz interior do veículo elétrico.

Tal como referido no subcapítulo 1.2, a dimensão e a intensidade da formação de bolhas electrolíticas de hidrogénio e oxigénio com carga negativa durante o processo de eletrólise podem ser controladas através do aumento do potencial elétrico nos eléctrodos, tornando as bolhas de eletrólise intensamente formadas tão pequenas quanto o processo tecnológico o exigir.

Este facto constituiu a base para a conceção do electroflotador-gerador de duas câmaras desenvolvido para a produção ininterrupta (com poupança de energia) de hidrogénio puro e de oxigénio puro, seguida do seu carregamento contínuo na célula de combustível de um veículo elétrico, accionando o seu motor.

Outra caraterística importante do electroflotador-gerador de duas câmaras desenvolvido é a base de eletrólise, que é um ânodo de grafite, localizado na parte inferior de um gerador de hidrogénio de duas câmaras, e um cátodo de malha de aço inoxidável, fixado acima do ânodo por um dispositivo especial para regular a distância entre os eléctrodos, feito de material não condutor.

Uma membrana fina, feita de material de mangueira de incêndio, colocada entre o cátodo e o ânodo na base de eletrólise, impede que os hidroxilos OH^- e as bolhas de oxigénio da eletrólise, formadas em resultado da eletrólise da água, penetrem na primeira câmara do gerador de hidrogénio, encaminhando-os assim para a segunda câmara do gerador de hidrogénio.

Como resultado, formam-se intensamente bolhas de hidrogénio de eletrólise na primeira câmara do gerador de hidrogénio, que rebentam na superfície livre da água, libertando hidrogénio gasoso puro, e na segunda câmara do gerador-electroflotador formam-se bolhas de oxigénio de eletrólise, que rebentam na superfície livre da água, libertando oxigénio gasoso puro.

A localização da base de eletrólise, ou seja, eléctrodos com uma membrana fina e um pequeno intervalo entre si, na parte inferior do electroflotador-gerador leva à produção intensiva de hidrogénio e oxigénio sem a utilização de álcalis, materiais dispendiosos, temperaturas elevadas a baixos custos de energia eléctrica, ou seja, a baixo preço para a obtenção de hidrogénio e oxigénio com a sua posterior utilização para o carregamento contínuo da célula de combustível de um veículo elétrico, levando ao funcionamento do motor do veículo elétrico.

A eficácia do funcionamento do gerador de hidrogénio ou do electroflotador é determinada pela evolução do gás do sistema gerador.

Como foi dito no subcapítulo 1.2, a utilização de uma estrutura metálica com células grandes como ânodo do electroflotador-gerador, ao contrário dos electroflotadores normais com um ânodo de malha com células pequenas, que conduz à sua salinidade e à obstrução completa das bolhas de eletrólise de hidrogénio e oxigénio, não altera para pior a evolução gasosa das bolhas de eletrólise de oxigénio e hidrogénio.

Um aumento da tensão do elétrodo não só não diminui a eficácia do trabalho do electroflotador-gerador, como também proporciona a dispersão máxima das bolhas de hidrogénio intensamente geradas e carregadas negativamente e a aceleração adicional da flutuação das bolhas devido à carga positiva do elétrodo inferior (ânodo).

O electroflotador-gerador de câmara dupla possui duas câmaras de flotação para a produção separada de hidrogénio e oxigénio, fabricadas sob a forma de recipientes rectangulares, cujos cantos são fechados com inserções especiais, o que permite que as partes internas das câmaras de flotação assumam a forma de um cilindro, e as paredes superiores traseiras estão equipadas com reflectores para evitar a formação de zonas de estagnação nas câmaras.

Esta conceção de um gerador de hidrogénio de duas câmaras permite obter fluxos intensos e contínuos de bolhas de hidrogénio e oxigénio da eletrólise em câmaras separadas, que atingem rápida e livremente a superfície livre, rebentam, libertando separadamente hidrogénio e oxigénio em grandes quantidades e com elevada pureza.

A Figura 20 mostra o funcionamento contínuo, 24 horas por dia (poupança de energia), do electroflotador-gerador desenvolvido, alimentado pela energia luminosa da lâmpada interior de um veículo elétrico, actuando sobre o painel solar, num ciclo fechado: um tanque com água comum + electroflotador-gerador: formação de gases de hidrogénio e oxigénio + carregamento de células de combustível e funcionamento de um motor de veículo elétrico + água produzida + um tanque de água comum.

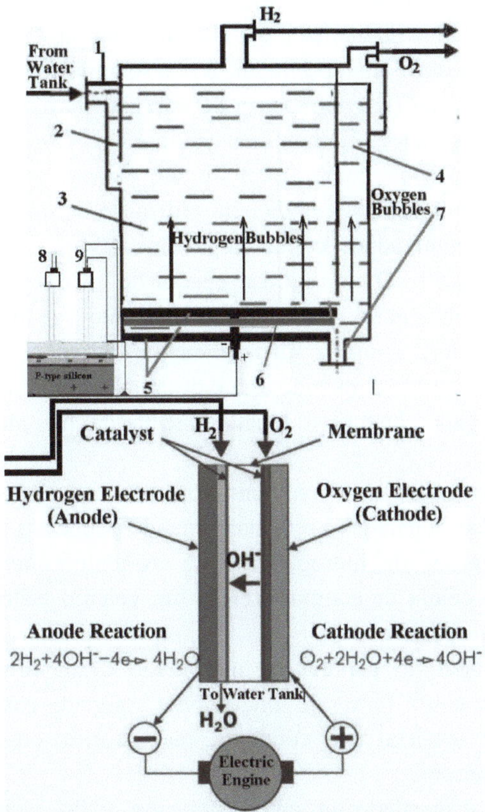

Figura 20: *Funcionamento contínuo esquemático do gerador de hidrogénio desenvolvido num ciclo fechado: um tanque com água normal + um gerador de hidrogénio: a formação de gases de hidrogénio e oxigénio + carregamento de células de combustível e o funcionamento de um motor de veículo elétrico a hidrogénio + água produzida + um tanque de água normal*

Estruturalmente, o electroflotador-gerador desenvolvido tem duas câmaras de flotação *3* e *4*, feitas sob a forma de um recipiente retangular, cujos cantos são fechados com inserções especiais, o que permite que o interior da câmara de flotação tome a forma de um cilindro, e a parede superior traseira está equipada com um refletor para evitar a formação de zonas de estagnação na câmara.
A água normal do tanque entra continuamente na primeira câmara de flotação 3 através de um tubo de derivação com uma válvula (1), uma bolsa (2) e uma ranhura para encher as câmaras de flotação (3) e (4).

A eletrólise da água é realizada através da alimentação de tensão do painel solar, iluminado pela luz do habitáculo do veículo elétrico (8), para os contactos dos eléctrodos do electroflotador-gerador, feitos sob a forma de uma ficha.

A produção ininterrupta (com poupança de energia) de oxigénio e hidrogénio no electroflotador-gerador e, por conseguinte, o carregamento contínuo ininterrupto da célula de combustível de um veículo elétrico para o seu movimento ininterrupto, é assegurada pela utilização de uma lâmpada (9), que actua sobre um painel solar, como carga eléctrica para o electroflotador-gerador, incluindo um LED com um carregador de luz diurna, que permite, de uma forma economizadora de energia, durante o funcionamento do electroflotador-gerador, iluminar alternadamente o painel solar com a luz interior do veículo elétrico e, quando esta é desligada, com um LED alimentado pela bateria carregada durante o funcionamento da luz interior do veículo elétrico.

As bolhas de hidrogénio e de oxigénio formadas na eletrólise flutuam em câmaras de flutuação separadas e rebentam quando atingem a superfície livre da água, libertando gases de hidrogénio e de oxigénio, que são alimentados separadamente na célula de combustível de um veículo elétrico a hidrogénio, accionando o seu motor.

O elemento principal do gerador de hidrogénio desenvolvido é a base de eletrólise (5), feita sob a forma de uma ficha e equipada com um mecanismo especial, feito de material não condutor, que permite ajustar facilmente a distância interelectrodos.

Acima do ânodo, é instalado um cátodo feito de malha resistente à corrosão com um dispositivo de design especial que permite ajustar facilmente o tamanho do espaço e está localizado ao longo de suas bordas.

No fundo da câmara de flotação, é instalado um ânodo feito de grafite queimada.

Entre o cátodo e o ânodo, existe uma membrana feita do material de uma mangueira de incêndio (6), que impede a penetração de hidroxilos e bolhas de oxigénio electrolíticas na primeira câmara de flutuação (3), direccionando assim as bolhas de oxigénio electrolíticas que se formam no ânodo para a segunda câmara de flutuação (4), onde flutuam até à superfície livre da água, rebentam e libertam gás oxigénio, que é separadamente do hidrogénio alimentado na célula de combustível de um veículo elétrico a hidrogénio, accionando o seu motor.

Na primeira câmara de flutuação (3), as bolhas de hidrogénio eletrolítico, formadas no cátodo, flutuam até à superfície livre da água, rebentam e libertam hidrogénio gasoso, que é alimentado separadamente do oxigénio na célula de combustível de um veículo elétrico a hidrogénio, accionando o seu motor.

Após a conclusão do trabalho, é utilizado um bocal com uma torneira (7) para lavar o gerador de hidrogénio desenvolvido e retirar todo o fluido de drenagem. A válvula é fechada antes de iniciar o funcionamento do gerador de hidrogénio desenvolvido.

Os gases obtidos introduzem separadamente o hidrogénio no elétrodo poroso de hidrogénio (ânodo) e o oxigénio no elétrodo poroso de oxigénio (cátodo) da célula de combustível.

O ânodo e o cátodo estão separados por uma membrana.

Cada um dos eléctrodos é coberto por uma camada de catalisador.

Como resultado, quatro moléculas de hidrogénio no elétrodo de hidrogénio perdem quatro electrões, criando um potencial negativo num dos contactos do motor, e reagem com quatro aniões OH^- recebidos do elétrodo de oxigénio devido à reação de uma molécula de oxigénio com duas moléculas de água, libertando quatro partículas carregadas positivamente, criando um potencial positivo no outro contacto do motor, formando quatro moléculas de água (vapor de água):

$$O_2 + 2H_2 O + 4e \rightarrow 4OH^- \rightarrow 2H_2 + 4OH^- - 4e \rightarrow 4H_2 O \ (1.3.1)$$

Como resultado, o motor é ligado e o vapor de água gerado é reciclado de volta para o tanque de água comum, fechando o ciclo.

Assim, o gerador de hidrogénio desenvolvido, de tipo contínuo e permanente, produz hidrogénio e oxigénio puros, que carregam continuamente (poupança de energia) a célula de combustível de um veículo elétrico a hidrogénio, accionando o seu motor.

O hidrogénio e o oxigénio no gerador desenvolvido são produzidos no processo de eletrólise da água comum com todas as vantagens económicas em comparação com os electroflotadores existentes e a criação do seu custo abaixo do mercado devido a uma base de eletrólise especialmente concebida, incluindo uma membrana feita de material de mangueira de incêndio, colocada entre os eléctrodos, e um mecanismo para regular o espaço entre os eléctrodos, colocado no fundo de uma célula de electroflotação de duas câmaras de uma forma especial.

O gerador de hidrogénio desenvolvido funciona 24 horas por dia e continuamente num ciclo fechado: um tanque com água comum + gerador:

formação de gases de hidrogénio e oxigénio + carregamento de células de combustível e funcionamento de um motor de veículo elétrico a hidrogénio + água produzida + tanque com água comum.

CAPÍTULO2
PROCESSO DE ELECTRÓLISE DA ÁGUA 24/7 SOB A INFLUÊNCIA DA ENERGIA LUMINOSA NO ÂNODO COMBINADO DE SEMICONDUTOR DE SILÍCIO E MALHA METÁLICA DO FOTOELECTROLISADOR

2.1 Mecanismo teórico do processo de fotoelectrólise da água 24/7 sob a influência da energia luminosa no ânodo combinado de semicondutor de silício e malha metálica do fotoelectrolisador

Todos os métodos e dispositivos tecnológicos anteriormente desenvolvidos pelo autor para a produção de hidrogénio e oxigénio gasosos e para o funcionamento ininterrupto do motor do carro elétrico, utilizando o processo de eletrólise da água, praticam o efeito dos raios solares ou da influência da lâmpada interior do carro elétrico na combinação do ânodo de semicondutores de silício e da malha metálica com a célula grande do fotoelectrolisador-gerador, imersa em água ordenada.

O autor, juntamente com o desenvolvimento de um mecanismo molecular de conversão da energia da influência dos raios solares ou da lâmpada interior do farol do automóvel elétrico sobre o ânodo combinado de semicondutor de silício e malha metálica com célula grande do fotoelectrolisador-gerador em energia de eletrólise, desenvolveu um fluxo contínuo do processo de eletrólise da água nestes dispositivos devido ao impacto variável dos raios solares ou da lâmpada interior do farol do automóvel elétrico sobre o ânodo combinado de semicondutor de silício e malha metálica com célula grande, imerso em água ordenada, no fotoelectrolisador-gerador, e carregando simultaneamente a bateria da lâmpada, que inclui um LED, o LED desliga durante o dia, o LED liga durante a noite, a bateria da lâmpada e o impacto da iluminação do LED da lâmpada, alimentado pela bateria carregada da lâmpada, no ânodo combinado de semicondutor de silício e malha metálica com célula grande do fotoelectrolisador-gerador, imerso em água ordenada, na energia da eletrólise da água no fotoelectrolisador-gerador durante a noite.

Como foi dito no subcapítulo 1.1, o semicondutor mais utilizado para combinar o ânodo do semicondutor de silício e a malha metálica com a célula grande do fotoelectrolisador-gerador é o silício, que tem quatro electrões na sua camada exterior.

Na prática, o silício dopado é mais frequentemente utilizado, utilizando aditivos especiais.

Normalmente, estes aditivos são dois tipos de átomos - fósforo ou boro - devido à sua estrutura eletrónica: o fósforo tem cinco electrões na órbita exterior e o boro tem três.

Portanto, o silício, dopado com fósforo, que tem quatro electrões na órbita exterior, quando combinado com o fósforo, adquire mais cinco electrões e, assim, haverá nove electrões na órbita exterior conjunta do silício e do fósforo e, portanto, um eletrão desemparelhado será supérfluo, uma vez que o número total deverá ser de oito electrões na órbita exterior conjunta do silício e do boro.

A exposição desse silício dopado com fósforo à energia solar ou à luz faz com que esse eletrão extra seja retirado, ficando livre para se deslocar por todo o semicondutor, chamado semicondutor *do tipo N* (negativo).

A célula fotoelectroquímica inclui um ânodo combinado de semicondutor de silício e malha metálica com célula grande e um cátodo, interligados por um circuito elétrico para o fluxo de uma corrente eléctrica contínua (processo de eletrólise da água), gerada sob a ação dos raios solares ou de uma lâmpada de luz interior de um automóvel elétrico sobre um ânodo combinado de semicondutor de silício e malha metálica com célula grande, imerso em água comum na célula fotoelectroquímica.

O silício é a base da combinação de ânodo de semicondutor de silício e malha metálica com célula grande.

Numa camada de silício do *tipo N* [8 - 11] de um ânodo combinado de semicondutor de silício e malha metálica com célula grande, em resultado da ação da luz (quatro fotões de luz "eliminam" quatro electrões do semicondutor de silício, criando quatro "buracos" vazios no mesmo, "atraindo" quatro electrões de quatro aniões hidroxilo $4OH^-$ de duas moléculas de solução aquosa de eletrólito), forma-se um excesso de electrões com carga negativa, que, passando através do ânodo combinado do semicondutor de camada de silício *tipo N* e da malha metálica com célula grande ligada ao r, ao longo do circuito elétrico até ao cátodo, fazem dele um pólo negativo, e o ânodo combinado do semicondutor de camada de silício *tipo N* e da malha metálica com célula grande, cedendo electrões, torna-se o pólo positivo.

Se os eléctrodos estiverem ligados a um circuito elétrico, cuja carga será um electroflotador com uma solução aquosa de eletrólito, então uma corrente eléctrica constante fluirá através da solução aquosa de eletrólito no electroflotador, no processo de eletrólise da água (Figura 21).

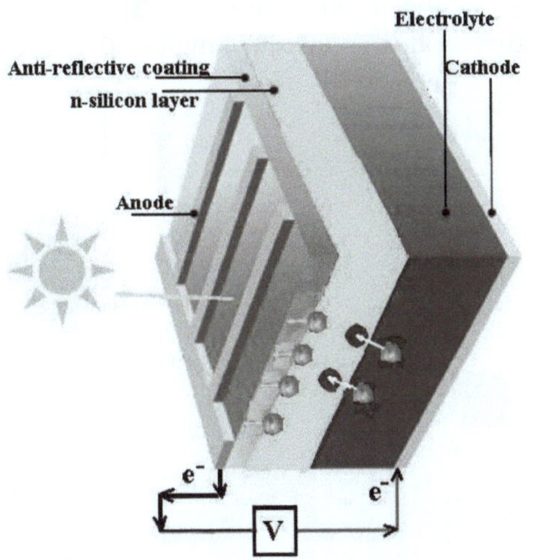

Figura 21: *Processo de eletrólise da água em célula fotoelectroquímica, ativado pelo ânodo combinado de semicondutor de camada de silício **do tipo N** e malha metálica com célula de grandes dimensões sob impacto da luz solar*

O funcionamento de uma célula fotoelectroquímica com eléctrodos, posicionados verticalmente e imersos numa solução aquosa de eletrólito, sob a ação da luz sobre o ânodo combinado de semicondutor de camada de silício **do tipo N** e malha metálica com célula de grandes dimensões, é mostrado na Figura 22.

O autor concebeu um tipo completamente novo de fotoelectrolisador-gerador, capaz não só de produzir separadamente hidrogénio e oxigénio puros a um preço inferior ao preço de mercado, mas também de efetuar o reabastecimento contínuo da pilha de combustível para o funcionamento ininterrupto do motor do veículo elétrico num ciclo continuamente fechado: um tanque com água normal + fotoelectrolisador + formação de gases separados de hidrogénio e oxigénio + carregamento de células de combustível e funcionamento ininterrupto do motor do veículo elétrico com hidrogénio + água + um tanque de água normal.

A utilização da fotoelectrólise da água comum, alimentada por energia luminosa para o funcionamento ininterrupto de um motor de veículo elétrico, carregando continuamente a célula de combustível do motor com hidrogénio e oxigénio, é produzida continuamente num fotoelectrolisador-gerador especialmente concebido, alimentado por energia luminosa

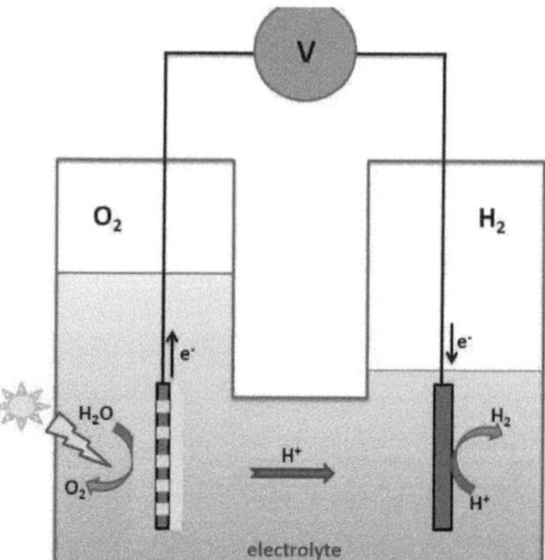

Figura 22: *Funcionamento de uma célula fotoelectroquímica com eléctrodos, posicionados verticalmente e imersos numa solução electrolítica aquosa, sob a ação da luz sobre o ânodo combinado de semicondutor de camada de silício **do tipo** N e malha metálica com célula de grandes dimensões*

Num ânodo combinado de semicondutor de camada de silício **do tipo N** e malha metálica com célula grande, imerso em água comum, num fotoelectrolisador-gerador desenvolvido, sob a influência de quatro fotões de luz (raios solares ou lâmpada interior de eletromóvel), quatro electrões são "eliminados", deixando depois quatro "buracos", que, ficando vagos e "atraem" quatro electrões de quatro aniões hidroxilo **4OH⁻** de duas moléculas de água dissociada:

$$4OH^- - 4e = 2H_2O + O_2 \uparrow, \quad (2.1.1)$$

formando duas moléculas de água e uma molécula de oxigénio, que flutuam a partir do ânodo da rede sob a forma de uma bolha de gás oxigénio e são removidas do fotoelectrolisador através de um tubo de saída de oxigénio separado para o cátodo de oxigénio de uma célula de combustível de um veículo elétrico.

Os restantes dois catiões de hidrogénio com carga positiva (H^+) da água dissociada, devido ao cátodo com carga negativa, deslocam-se até ele e, tendo-o atingido, devolvem-lhe dois electrões, neutralizando-se em dois átomos de hidrogénio separados, que, estando no estado livre, se combinam entre si, formando uma molécula gasosa de hidrogénio:

$$2H^+ + 2e\text{-} \rightarrow H_2 \uparrow, (2.1.2)$$

que na água assume a forma de uma bolha de eletrólise de hidrogénio gasoso, que flutua para cima a partir do cátodo sob a forma de uma bolha de hidrogénio gasoso e é removido do fotoelectrolisador-gerador através de um tubo de saída de hidrogénio separado para o ânodo de hidrogénio da célula de combustível do veículo elétrico.

Os electrões "eliminados" do ânodo combinado de um semicondutor de camada de silício do *tipo N e de uma* malha metálica com célula grande e os dois electrões devolvidos ao cátodo por dois catiões de hidrogénio geram uma corrente eléctrica direta, dirigida do ânodo combinado de um semicondutor de camada de silício do *tipo N* e de uma malha metálica com célula grande para o cátodo, formando assim potenciais diferentes de um cátodo rico em electrões e de um ânodo combinado de um semicondutor de camada de silício do *tipo N* e de uma malha metálica com célula grande, empobrecido em electrões.

Como resultado desta diferença de potencial, ocorre o processo de fotoelectrólise da água comum, gerando a formação e remoção de bolhas de gás de hidrogénio do cátodo e do fotoelectrolisador-gerador através de um tubo de saída de hidrogénio separado para o ânodo de hidrogénio da célula de combustível de um veículo elétrico, e a formação e remoção de bolhas de gás de oxigénio de um ânodo combinado de semicondutor de camada de silício *do tipo N* e malha metálica com célula grande e fotoelectrolisador-gerador através de um tubo de saída de oxigénio separado para o cátodo de oxigénio da célula de combustível do carro elétrico (Figura 23).

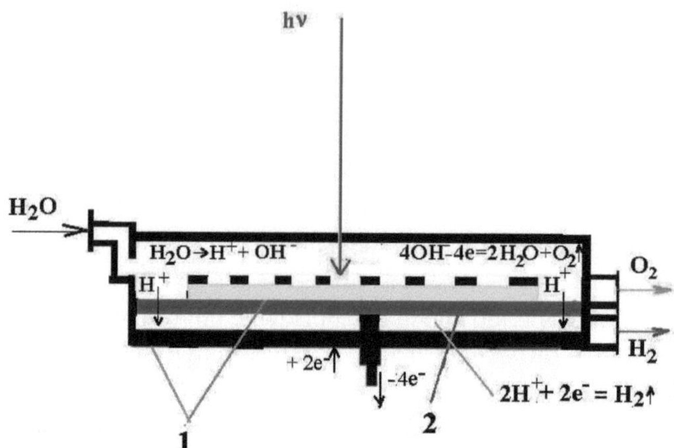

Figura 23: *Funcionamento contínuo do fotoelectrolisador desenvolvido, que gera e emite separadamente, através de bicos, bolhas de hidrogénio e de oxigénio*

A localização da base de eletrólise (1), do elemento principal do fotoelectrolisador-gerador desenvolvido, que inclui eléctrodos com uma membrana fina (2), localizada entre eles e um mecanismo especial para regular o intervalo entre eles, na parte inferior do fotoelectrolisador-gerador, ao contrário das células fotoelectroquímicas que existem atualmente, onde os eléctrodos estão situados verticalmente, conduz a uma intensa libertação de bolhas de oxigénio e hidrogénio sem a utilização de álcalis agressivos, materiais dispendiosos, a um preço baixo para a sua utilização no carregamento contínuo das pilhas de combustível dos automóveis eléctricos para o arranque e manutenção do funcionamento ininterrupto do motor do automóvel elétrico.

A manutenção ininterrupta da eletrólise da água no fotoelectrolisador-gerador é assegurada pela utilização de uma lâmpada como carga eléctrica útil, contendo um LED com um carregador que é carregado devido à luz do dia quando a lâmpada é desligada, e a ligação do LED que ilumina o ânodo combinado de semicondutor de camada de silício *do tipo N* e malha metálica com célula grande durante a noite até de manhã.

A figura 24 mostra a lâmpada como fotoelectrolisador-gerador de carga eléctrica útil para iluminar o ânodo combinado de semicondutor de camada de silício *do tipo N* e malha metálica com grande painel de células durante a noite.

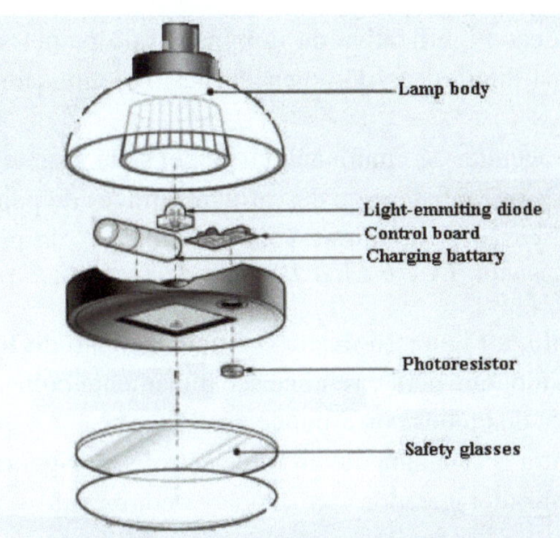

Figura 24 *Lâmpada de iluminação como fotoelectrolisador-gerador de carga eléctrica útil para iluminação do ânodo combinado de semicondutor de camada de silício **do tipo** N e malha metálica com célula grande durante a noite*

O esquema de princípio da placa de controlo das luzes é mostrado na figura 25.

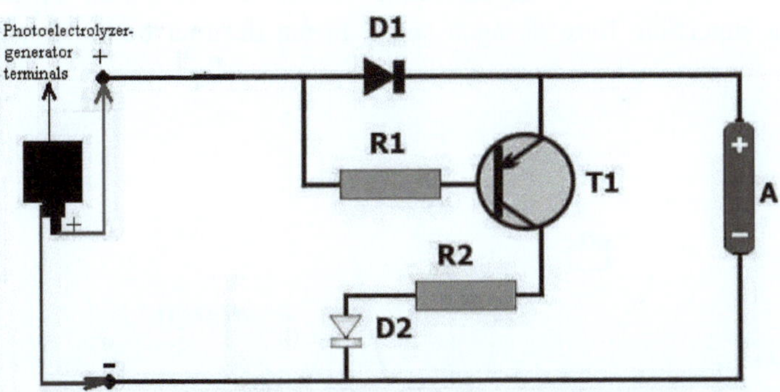

Figura 25: *Esquema do princípio da placa de controlo da lâmpada*

A corrente, gerada pelo painel solar, através do díodo **D1** carrega a bateria (**A**). O potencial positivo, aplicado à base através da resistência **R1,** "mantém" o transístor **T1** no estado desligado e **o LED D2** não acende.

Com uma diminuição significativa da iluminação do painel solar, o transístor abre (devido a uma diminuição do potencial positivo, aplicado à base) e liga **o LED D2** à bateria.

O **LED** começa a acender-se, iluminando o painel solar à noite.

O díodo **D1** impede que a bateria se descarregue através do painel solar.

Ao amanhecer, a tensão positiva que vem da saída "+" do painel solar para a base "fecha" o transístor **T1** e *o LED D2* pára de acender, e a bateria começa a carregar.

A título de exemplo, a Figura 26 ilustra o funcionamento do fotoelectrolisador-gerador desenvolvido, que gera e remove separadamente bolhas de hidrogénio e de oxigénio através dos tubos correspondentes.

A água comum entra continuamente no fotoelectrolisador-gerador.

Num fotoelectrolisador-gerador, o ânodo combinado, constituído por semicondutor de silício e malha metálica com células de grandes dimensões, submerso numa água e agitado por fotões de luz (raios solares ou lâmpada de luz interior), "perde" quatro electrões, deixando quatro "buracos" carregados positivamente que "atraem" quatro electrões de quatro aniões hidroxilo ($4OH^-$) da água adjacente, dissociados no catião hidrogénio (H^+) e no anião hidroxilo (OH^-): $H2O \leftrightarrow H^+ + OH$, resultando na formação de duas moléculas de água e uma molécula de oxigénio: $4OH^- - 4e^- = 2H_2O + O_2 \uparrow$.

A molécula de oxigénio flutua de um semicondutor de silício com um ânodo ligado para a superfície livre da água sob a forma de uma bolha de gás de oxigénio.

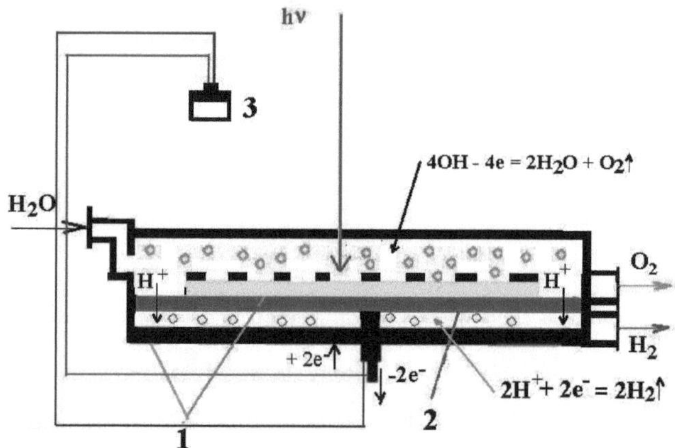

Figura 26: *Funcionamento do fotoelectrolisador-gerador desenvolvido, que gera e remove bolhas de hidrogénio e oxigénio separadamente através dos tubos correspondentes*

Dois catiões de hidrogénio carregados positivamente $2H^+$ de uma água dissociada vizinha, tendo atingido o cátodo carregado negativamente, a carga negativa do cátodo é devida aos quatro electrões libertados que fluem de um ânodo combinado, feito de semicondutor de silício e malha metálica com células grandes através da lâmpada (3), incluindo LED com um carregador de bateria de luz do dia, como uma carga elétrica útil para o cátodo, retornando dois elétrons para ele, neutralizando em dois átomos de hidrogênio separados, estando em um estado livre, conectando-se um ao outro, formando uma molécula de hidrogênio gasoso ($2H^+ + 2e^- \rightarrow H_2 \uparrow$), que em uma água se transforma em uma bolha de eletrólise, flutuando do cátodo para a superfície livre da água.

Quatro electrões "eliminados" de um ânodo combinado, feito de semicondutor de silício e malha metálica com células grandes, e dois electrões devolvidos ao cátodo por dois catiões de hidrogénio geram uma corrente eléctrica constante, dirigida de um semicondutor de silício com um ânodo ligado ao cátodo.

A produção contínua e ininterrupta de hidrogénio e oxigénio no fotoelectrolisador-gerador é assegurada pela utilização de uma lâmpada, incluindo LED com um carregador de bateria de luz do dia, como carga eléctrica útil, que ilumina o ânodo combinado, feito de semicondutor de silício e malha metálica com células grandes, durante a noite até de manhã, e pelo enchimento contínuo do fotoelectrolisador-gerador com água.

2.2 Implementação do curso 24/7 do método previamente desenvolvido de geração de hidrogénio e oxigénio gasosos sob a influência da energia luminosa no ânodo combinado de semicondutor de silício e malha metálica do fotoelectrolisador-gerador

A utilização do mecanismo teoricamente descrito acima do processo de fotoelectrólise da água 24/7 sob a influência da energia luminosa no ânodo combinado de semicondutor de silício e malha metálica do fotoelectrolisador-gerador permite ao autor desenvolver a geração contínua e ininterrupta de hidrogénio e oxigénio, utilizando um fotoelectrolisador-gerador desenvolvido, tendo um ânodo localizado horizontalmente, feito de semicondutor de silício e malha metálica com células grandes e cátodo de grafite queimado (base de eletrólise) na parte inferior do fotoelectrolisador-gerador; uma membrana de material de mangueira de incêndio, situada entre os eléctrodos; dispositivo que regula a distância entre os eléctrodos.

A produção contínua e ininterrupta de hidrogénio e oxigénio no fotoelectrolisador-gerador é assegurada pela utilização de uma lâmpada, incluindo um LED com um carregador de baterias à luz do dia com raios solares como carga eléctrica útil, que ilumina o ânodo combinado, feito de semicondutor de silício e malha metálica com células grandes, durante a noite até de manhã, e pelo enchimento contínuo do fotoelectrolisador-gerador com água.

Uma célula fotoelectroquímica é um ânodo combinado, feito de semicondutor de silício e malha metálica com células grandes e um cátodo, ligado por um circuito elétrico para o fluxo de corrente eléctrica contínua, gerada pela ação da luz num ânodo combinado, feito de semicondutor de silício e malha metálica com células grandes, submerso numa solução electrolítica de água.

Na camada de silício do *tipo N*, adicionada pelo fósforo, tem a órbita exterior comum, sobrelotada de electrões que leva à tendência da camada de silício *do tipo N* com fósforo adicionado a ceder electrões para levar a órbita comum a um estado normal, portanto, um ânodo combinado, feito de semicondutor de silício e malha metálica com células grandes, submerso numa solução electrolítica de água, agitado por quatro fotões de luz, "perde" quatro electrões, deixando quatro "buracos" de carga positiva que "atraem" quatro electrões de quatro aniões hidroxilo (*4OH⁻*) do adjacente dissociado no catião hidrogénio (*H⁺*) e no anião hidroxilo (*OH⁻*) da água:

$$H2O \leftrightarrow H^+ + OH, \quad {}^{(2.}2.1)$$

resultando na formação de duas moléculas de água e uma molécula de oxigénio:

$$4OH^- - 4e^- = 2H_2O + O_2 \uparrow \quad (2.2.2)$$

A molécula de oxigénio flutua a partir de um ânodo combinado, feito de semicondutor de silício e malha metálica com células grandes.

Dois catiões de hidrogénio com carga positiva *2H⁺* de uma solução aquosa dissociada vizinha, tendo atingido o cátodo com carga negativa, a carga negativa do cátodo deve-se aos quatro electrões libertados, que fluem de um ânodo combinado, feito de semicondutor de silício e malha metálica com grandes células através da carga para o cátodo, devolvendo-lhe dois electrões, neutralizando-se em dois átomos de hidrogénio separados, estando num estado livre, ligando-se um ao outro, formando uma molécula de hidrogénio gasoso:

$$2H^+ + 2e^- \rightarrow H_2 \uparrow, (2.2.3)$$

que numa solução electrolítica de água se transforma numa bolha de eletrólise de hidrogénio, que se eleva da superfície do cátodo para a superfície livre da solução electrolítica de água.

Quatro electrões "eliminados" de um ânodo combinado, feito de semicondutor de silício e malha metálica com células grandes, passando através de um ânodo combinado, feito de semicondutor de silício de camada *tipo N* e malha metálica com células grandes, ao longo do circuito elétrico para o cátodo e dois electrões devolvidos ao cátodo por dois catiões de hidrogénio, fazem dele um pólo negativo, e o ânodo, que perde electrões, torna-se um pólo positivo, gerando uma corrente eléctrica constante, dirigida de um ânodo combinado, feito de semicondutor de silício e malha metálica com células grandes, para o cátodo (Figura 27).

Como já foi referido pelo autor, o tamanho e a intensidade da formação de bolhas de hidrogénio de eletrólise com carga negativa e de bolhas de oxigénio com carga positiva podem ser controlados através do aumento do potencial elétrico dos eléctrodos, fazendo com que as bolhas intensamente formadas sejam tão pequenas quanto o processo tecnológico o exija.

A conclusão acima referida tornou-se a base para o desenvolvimento de um fotoelectrolisador - gerador para a produção de gás hidrogénio e gás oxigénio.

A principal caraterística do método desenvolvido de produção de hidrogénio e oxigénio é a utilização de um fotoelectrolisador-gerador desenvolvido, tendo um ânodo localizado horizontalmente, feito de semicondutor de silício e malha metálica com células grandes e cátodo de grafite queimado (base de eletrólise) na parte inferior do fotoelectrolisador-gerador; uma membrana de material de mangueira de incêndio, localizada entre os eléctrodos; dispositivo, regulando a distância entre os eléctrodos.

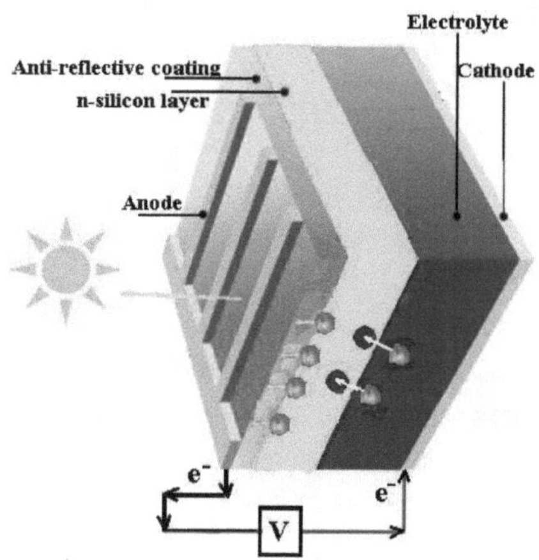

Figura 27: *Operações da camada de silício do tipo N sob a ação da luz.*

Uma membrana fina de material de mangueira de incêndio, colocada entre um ânodo combinado, feito de semicondutor de silício e malha metálica com grandes células, e o cátodo numa base de eletrólise, impede a penetração de bolhas de oxigénio de eletrólise, resultantes da atração dos quatro aniões hidroxilo que rodeiam a água dissociada, doando quatro electrões aos quatro "buracos" carregados positivamente, formados pelo impacto de quatro fotões de luz num ânodo combinado, formado pelo impacto de quatro fotões de luz sobre um ânodo combinado, feito de semicondutor de silício e malha metálica com grandes células, resultando na formação de duas moléculas de água e uma molécula de oxigénio, libertada sob a forma de uma bolha de gás oxigénio que se eleva da superfície do ânodo combinado, feito de semicondutor de silício e malha metálica com grandes células, e é libertada como uma espuma de gás oxigénio da zona do ânodo do fotoelectrolisador através do tubo de saída de oxigénio.

Como resultado da eletrólise, formam-se intensamente bolhas de hidrogénio na zona catódica do fotoelectrolisador e são removidas sob a forma de espuma de hidrogénio gasoso da zona catódica do fotoelectrolisador através do tubo de hidrogénio.

A localização da base de eletrólise, ou seja, os eléctrodos com uma membrana fina e um pequeno espaço entre eles, na parte inferior do fotoelectrolisador, conduz, ao contrário das células fotoelectroquímicas existentes atualmente, onde os eléctrodos estão localizados verticalmente, à libertação intensiva de bolhas de hidrogénio e oxigénio sem a utilização de electrólitos dispendiosos.

A disposição dos eléctrodos no sentido vertical, como acontece nas células fotoelectroquímicas com uma solução electrolítica aquosa (Figura 28), ao contrário da base de eletrólise, situada no fundo do fotoelectrolisador, onde, como em todos os aparelhos de electroflotação, os eléctrodos se situam no sentido horizontal, ocupando todo o fundo do aparelho de electroflotação, reduz fortemente a área da secção transversal e aumenta o comprimento da camada condutora entre os eléctrodos.

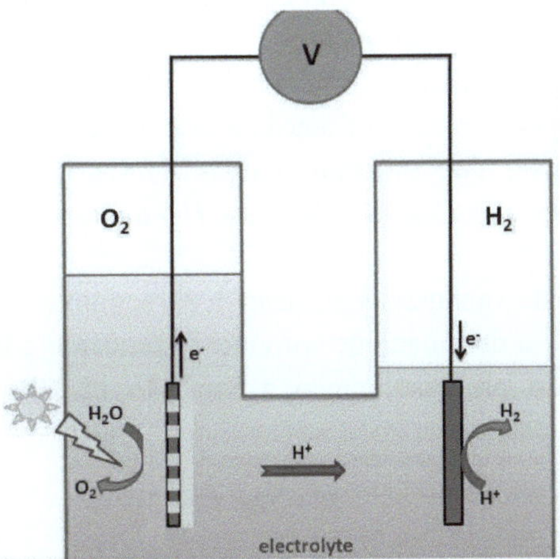

Figura 28: *O funcionamento de uma célula fotoelectroquímica sob a influência da luz*

A eficiência de uma célula fotoelectroquímica ou de um fotoelectrolisador é determinada pela intensidade da evolução do gás no seu interior.

A evolução do gás (*M*) no elétrodo durante o tempo (*t*), de acordo com a lei de Faraday, é calculada utilizando a seguinte fórmula

$$M = jigSt \ (2.2.4)$$

em que *j* - o equivalente eletroquímico do gás (para o hidrogénio $j = 1{,}0 \ 10^{-7}$ кg/ (*A· s*); para o oxigénio $j = 8{,}29 \ 10^{-8}$ кg/ (*A· s*)); *i* - a densidade de corrente, A/m^2 ; *g* = *90%, 95%* - débito de corrente (a relação entre a transferência de massa de gás real e a teórica calculada em termos percentuais); *S* - o quadrado da secção transversal da camada condutora entre os eléctrodos, m^2 .

Uma diminuição acentuada da área da secção transversal e um aumento acentuado do comprimento da camada condutora entre os eléctrodos, em conformidade com o ponto 2.2.4, conduz a uma diminuição acentuada da evolução gasosa do hidrogénio e do oxigénio na célula fotoelectroquímica e, consequentemente, a uma diminuição acentuada da eficiência da célula fotoelectroquímica.

Para compensar a redução da evolução gasosa do hidrogénio e do oxigénio numa solução electrolítica aquosa, é utilizado um eletrólito caro (por exemplo, *NaOH*), cuja concentração na solução é de *40%*, o que leva a um aumento acentuado do consumo de energia da célula fotoelectroquímica, atingindo *4,5 kWh/m³* para a produção de hidrogénio.

Uma vantagem significativa do fotoelectrolisador-gerador desenvolvido em relação aos dispositivos de electroflotação existentes é a ausência de eléctrodos na base de eletrólise, que utilizam malhas densas com células pequenas, provocando correntes elevadas da ordem dos *100 amperes* a baixas tensões (*20-30V*).

A explicação para esta vantagem significativa é a seguinte.

Se considerarmos *i* - a densidade de corrente do processo como *I/S*, em que *I* é a corrente direta do processo, então a Equação (2.2.4) assumirá a forma seguinte:

$$M = jIgt \;(2.2.5)$$

A Equação (2.2.5) mostra claramente que a massa de gás libertada no elétrodo durante o tempo *t* é diretamente proporcional à intensidade da corrente contínua e não depende da área do elétrodo.

No entanto, de acordo com a lei de Ohm, o valor da corrente contínua do processo é diretamente proporcional à tensão do elétrodo (*U*) e inversamente proporcional à resistência do meio interelectrodo (*R*):

$$I = U/R \;(2.2.6)$$

A resistência do meio entre os eléctrodos (*R*), por sua vez, depende da distância entre os eléctrodos (*L*) e do quadrado da secção transversal da camada condutora entre os eléctrodos (*S*), como se segue:

$$R = \rho\frac{L}{S} \qquad (2.2.7)$$

Onde ρ - resistividade do meio entre eléctrodos.

Substituindo (2.2.7) por (2.2.6), obtém-se

$$I = (US/\rho L) \ (2.2.8)$$

Assim, a partir de (2.2.8), pode ver-se que a redução do quadrado da secção transversal da camada condutora entre os eléctrodos da célula fotoelectroquímica (S), no nosso caso uma mudança da forma do elétrodo (semicondutor de silício com ânodo de malha anexado), pode ser compensada pelo aumento da tensão (U) nos eléctrodos para manter a eficácia anterior do trabalho da célula fotoelectroquímica (o conteúdo anterior de gás do sistema - M).

O aumento da tensão nos eléctrodos não só não reduz a eficiência do fotoelectrolisador-gerador, mas também, como já foi referido, assegura a máxima evolução do gás de bolhas de hidrogénio intensamente formadas no cátodo e de oxigénio num ânodo combinado, feito de semicondutor de silício e malha metálica com células grandes.

A disposição dos eléctrodos na direção vertical não só reduz drasticamente a área da secção transversal e o comprimento da camada condutora entre os eléctrodos, o que leva a uma diminuição acentuada da evolução do gás e da intensidade da formação de bolhas de eletrólise de hidrogénio e oxigénio, mas também impede a formação e a rápida remoção de bolhas de eletrólise de hidrogénio e oxigénio através de tubos de hidrogénio e oxigénio em conformidade.

As bolhas de hidrogénio ou de oxigénio da eletrólise, formadas em toda a superfície horizontal do elétrodo ou do ânodo, separam-se da superfície do elétrodo, precipitam-se para cima e são retiradas sob a forma de bolhas de hidrogénio gasoso ou de bolhas de oxigénio do fotoelectrolisador-gerador através dos tubos de hidrogénio ou de oxigénio, devido à força de Arquimedes, que actua numa direção estritamente vertical em relação ao cátodo ou ao ânodo.

Nos eléctrodos situados verticalmente, as bolhas de hidrogénio e de oxigénio resultantes flutuam junto ao cátodo e ao ânodo, formando um fluxo estreito devido à força de Arquimedes, que actua tangencialmente ao cátodo ou ao ânodo, impedindo a separação das bolhas de hidrogénio do cátodo ou das bolhas de oxigénio do ânodo.

A produção contínua e durante 24 horas de hidrogénio e oxigénio no gerador de fotoelectrólise é assegurada pela utilização de um LED com um carregador de luz do dia como carga eléctrica útil, iluminando o ânodo combinado, feito de semicondutor de silício e malha metálica com células grandes, durante a noite até de manhã e enchendo continuamente o gerador de fotoelectrólise com água. O LED com carregador de luz do dia como carga eléctrica útil é uma lâmpada para iluminar o ânodo durante a noite, incluindo um díodo emissor de luz, uma placa de controlo, um fotoresistor e um vidro de proteção (Figura 29).

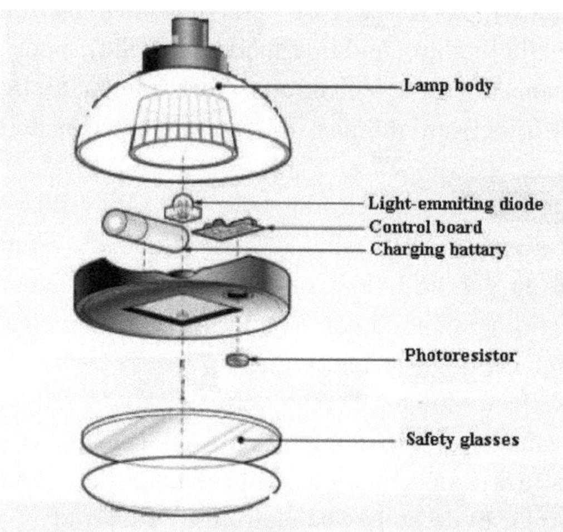

Figura 29: *Uma lâmpada de iluminação como fotoelectrolisador-gerador de carga eléctrica útil para iluminar o ânodo durante a noite*

O esquema de princípio da placa de controlo das luzes é mostrado na figura 30.

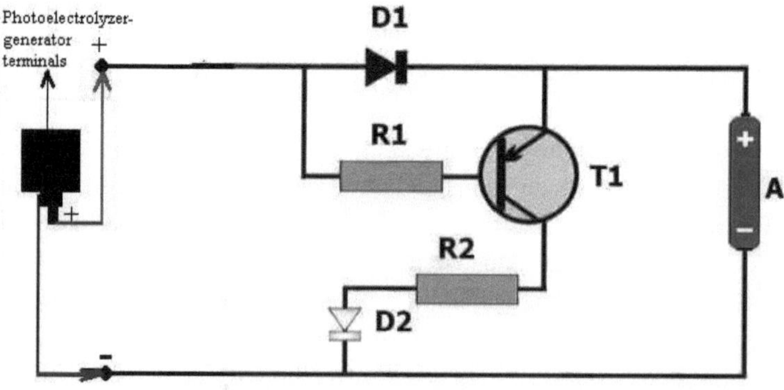

Figura 30: *Esquema do princípio da placa de controlo das lâmpadas*

A corrente, gerada pelo fotoelectrolisador, através do díodo **D1** carrega a bateria (**A**).

O potencial positivo, aplicado à base através da resistência **R1,** "mantém" o transístor **T1** no estado desligado e **o LED D2** não acende.

Com uma diminuição significativa da iluminação do ânodo, o transístor abre (devido a uma diminuição do potencial positivo, aplicado à base) e liga **o LED D2** à bateria.

O **LED** começa a acender-se, iluminando o ânodo.

O díodo **D1** impede que a bateria se descarregue através do fotoelectrolisador.

Com o início da madrugada, a tensão positiva que vem da saída "+" do fotoelectrolisador para a base "fecha" o transístor **T1** e *o LED D2* deixa de acender, e a bateria começa a carregar.

A figura 31 mostra o funcionamento contínuo e ininterrupto do fotoelectrolisador-gerador desenvolvido, que gera e remove bolhas de hidrogénio e oxigénio separadamente através dos tubos correspondentes.

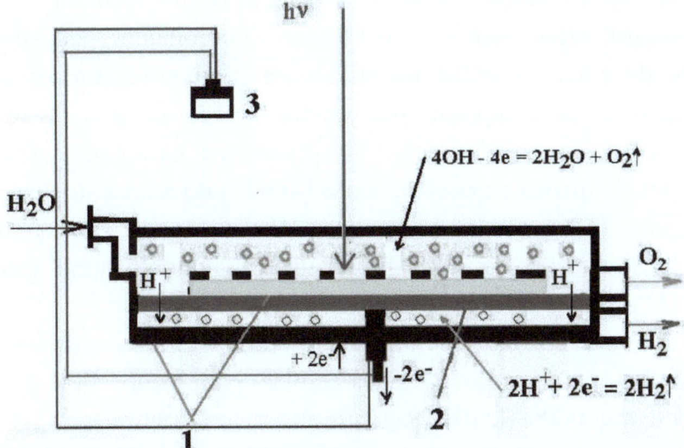

Figura 31: *Funcionamento contínuo e ininterrupto do fotoelectrolisador-gerador desenvolvido, que gera e elimina separadamente bolhas de hidrogénio e de oxigénio através dos tubos correspondentes*

O fotoelectrolisador-gerador estruturalmente concebido tem uma entrada para água continuamente fornecida ao fotoelectrolisador-gerador, e dois tubos de saída separados para remover bolhas de hidrogénio e oxigénio.

O elemento principal do fotoelectrolisador-gerador desenvolvido é a base de eletrólise (1), feita sob a forma de uma ficha e equipada com um mecanismo especial, feito de material dielétrico, que permite ajustar facilmente a distância interelectrodos.

Acima do cátodo, feito de grafite queimada, está instalado um ânodo combinado, feito de semicondutor de silício e malha metálica com células grandes, gerando bolhas de oxigénio eletrolítico devido ao impacto de quatro fotões de luz no ânodo combinado, feito de semicondutor de silício e malha metálica com células grandes, com um dispositivo especialmente concebido que permite ajustar facilmente o tamanho do espaço entre os eléctrodos e localizado ao longo dos bordos do cátodo.

O cátodo está instalado na parte inferior do fotoelectrolisador-gerador.

Entre o ânodo combinado, feito de semicondutor de silício e malha metálica com células grandes, e o cátodo existe uma membrana, feita do material da mangueira de incêndio (2), que impede a penetração das bolhas de oxigénio resultantes na área do cátodo e permite a penetração de catiões de hidrogénio no cátodo para a formação intensiva de bolhas de hidrogénio eletrolítico microdispersas.

A água comum entra continuamente no fotoelectrolisador-gerador.

Num fotoelectrolisador-gerador, o ânodo combinado, constituído por semicondutor de silício e malha metálica com células de grandes dimensões, submerso numa água e agitado por quatro fotões de luz, "perde" quatro electrões, deixando quatro "buracos" positivamente carregados que "atraem" quatro electrões de quatro aniões hidroxilo ($4OH^-$) do adjacente dissociados no catião hidrogénio (H^+) e anião hidroxilo (OH^-) da água: $H2O \leftrightarrow H^+ + OH$, resultando na formação de duas moléculas de água e uma molécula de oxigénio: $4OH^- - 4e^- = 2H_2O + O_2 \uparrow$.

A molécula de oxigénio flutua de um ânodo combinado, feito de semicondutor de silício e malha metálica com grandes células, para a superfície livre da água sob a forma de uma bolha de gás oxigénio.

Dois catiões de hidrogénio carregados positivamente $2H^+$ de uma água dissociada vizinha, tendo atingido o cátodo carregado negativamente, a carga negativa do cátodo é devida aos quatro electrões libertados que fluem de um ânodo combinado, feito de semicondutor de silício e malha metálica com células grandes, através da lâmpada (3), incluindo LED com um carregador de bateria de luz do dia de raios solares, como uma carga elétrica útil para o cátodo, retornando dois elétrons para ele, neutralizando em dois átomos de hidrogênio separados, estando em um estado livre, conectando-se um ao outro, formando uma molécula de hidrogênio gasoso ($2H^+ + 2e^- \rightarrow H_2 \uparrow$), que em uma água se transforma em uma bolha de eletrólise, flutuando do cátodo para a superfície livre da água.

Quatro electrões "eliminados" de um ânodo combinado, feito de semicondutor de silício e malha metálica com grandes células, e dois electrões devolvidos ao cátodo por dois catiões de hidrogénio geram uma corrente eléctrica constante, dirigida de um ânodo combinado, feito de semicondutor de silício e malha metálica com grandes células, para o cátodo.

A produção contínua e ininterrupta de hidrogénio e oxigénio no fotoelectrolisador-gerador é assegurada pela utilização de uma lâmpada, incluindo LED com um carregador de baterias à luz do dia, como carga eléctrica útil, que ilumina o ânodo combinado, feito de semicondutor de silício e malha metálica com células grandes, de noite até de manhã, e pelo enchimento contínuo do fotoelectrolisador-gerador com água.

A figura 32 mostra os sete fotoelectrolisadores-geradores integrados.

Nos sete fotoelectrolisadores-geradores, a água circula para extrair os gases de hidrogénio e de oxigénio de elevada pureza que daí resultam.

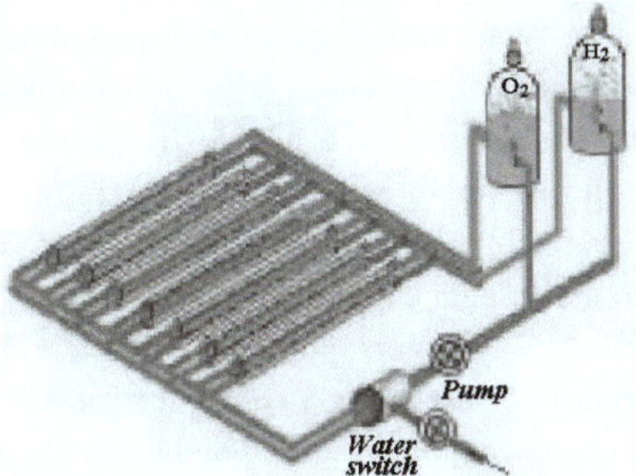

Figura 32: Os sete fotoelectrolisadores-geradores integrados.

A produção de hidrogénio e oxigénio puros no fotoelectrolisador-gerador desenvolvido mostrou uma vantagem em relação a outras células fotoelectroquímicas existentes devido à localização horizontal do ânodo combinado, feito de semicondutor de silício e malha metálica com células grandes, e do cátodo de grafite queimado (base de eletrólise) na parte inferior do fotoelectrolisador-gerador; uma membrana de material de mangueira de incêndio, localizada entre os eléctrodos e o dispositivo, regulando a distância entre os eléctrodos.

Os parâmetros de funcionamento do fotoelectrolisador-gerador desenvolvido para produzir *1 m³* de hidrogénio ou oxigénio puros foram: com uma área de secção transversal de condutividade de *1 m²* e uma tensão nos eléctrodos de *100 V*, uma corrente eléctrica direta atingiu *4 A*.

Assim, foram gastos *400 W* para produzir *1 m³* de hidrogénio ou oxigénio puros, utilizando o fotoelectrolisador-gerador desenvolvido.

Determinar a eficiência energética, em percentagem, do fotoelectrolisador-gerador desenvolvido para a produção de *1 m³* de hidrogénio ou oxigénio puros, utilizando a seguinte fórmula: *energia de saída = (energia de entrada)* x *100*.

A energia de saída no nosso caso é de *400 W*, gasta pelo fotoelectrolisador-gerador desenvolvido para produzir *1 m³* de hidrogénio puro ou oxigénio.

O consumo de energia no nosso caso é a potência que o Sol fornece, cerca de *1300 W* por metro quadrado (*m*). ^{2}

Então, a eficiência do fotoelectrolisador-gerador desenvolvido para produzir *1 m³* de hidrogénio ou oxigénio puro será (*400 W/1300 W*) x *100 = 30,77%*, ou seja, bastante elevada.

Assim, um novo método de produção contínua e ininterrupta de hidrogénio e oxigénio utiliza um fotoelectrolisador-gerador desenvolvido, tendo um ânodo combinado, localizado horizontalmente, feito de semicondutor de silício e malha metálica com células grandes e cátodo de grafite queimado (base de eletrólise) na parte inferior do fotoelectrolisador-gerador; uma membrana de material de mangueira de incêndio, localizada entre os eléctrodos e o dispositivo, regulando a distância entre os eléctrodos.

A produção contínua e ininterrupta de hidrogénio e oxigénio no fotoelectrolisador-gerador é assegurada pela utilização de uma lâmpada, incluindo LED com um carregador de bateria de luz do dia como carga eléctrica útil, que ilumina o ânodo combinado, feito de semicondutor de silício e malha metálica com células grandes, de noite até de manhã, e pelo enchimento contínuo do fotoelectrolisador-gerador com água.

A conceção do sistema proposto, com sete fotoelectrolisadores-geradores incorporados, permite aumentar em sete vezes a produção de hidrogénio e oxigénio puros sem consumir eletricidade. A eficiência do fotoelectrolisador-gerador para produzir *1 m³* de hidrogénio ou oxigénio puros é de *30,77%*, ou seja, suficientemente elevada.

2.3 Implementação do curso 24/7 do método desenvolvido anteriormente funcionamento ininterrupto do motor carro elétrico sob a influência da energia luminosa no ânodo combinado de semicondutor de silício e malha metálica do fotoelectrolisador-gerador do

A utilização do mecanismo acima descrito teoricamente do processo de fotoelectrólise da água 24/7 sob a influência da energia da luz no ânodo combinado de semicondutor de silício e malha metálica do fotoelectrolisador-gerador permite ao autor desenvolver um fotoelectrolisador-gerador, alimentado pela energia da luz de uma lâmpada interior de um carro elétrico, produzindo hidrogénio e oxigénio puros, que carrega a célula de combustível de um carro elétrico 24 horas por dia, levando-o a funcionar sem parar.

O hidrogénio e o oxigénio no gerador desenvolvido são produzidos por eletrólise da água comum, continuamente fornecida ao fotoelectrolisador-gerador, a um custo inferior ao preço de mercado, devido a uma base de eletrólise especialmente concebida, incluindo uma membrana de mangueira de incêndio colocada entre os eléctrodos e um mecanismo para ajustar o intervalo entre os eléctrodos, localizado na parte inferior do fotoelectrolisador-gerador.

A produção ininterrupta de oxigénio e hidrogénio no fotoelectrolisador-gerador e, por conseguinte, o carregamento contínuo ininterrupto da célula de combustível de um veículo elétrico para o seu movimento ininterrupto é assegurado pela utilização de uma lâmpada como carga eléctrica para o fotoelectrolisador-gerador, incluindo um LED com um carregador de luz do dia, que permite de uma forma economizadora de energia, durante o funcionamento do fotoelectrolisador-gerador, iluminar alternadamente o fotoelectrolisador-gerador com a luz interior do veículo elétrico e, quando a luz interior do veículo elétrico estiver desligada, com um LED, alimentado pela bateria carregada durante o funcionamento da luz interior do veículo elétrico.

Uma célula fotoelectroquímica é constituída por um semicondutor de silício com um ânodo e um cátodo de rede ligados por um circuito elétrico para o fluxo de corrente eléctrica contínua, gerada pela ação da luz sobre o semicondutor de silício com um ânodo de rede ligado, imerso numa solução aquosa de eletrólito.

Na camada de silício do *tipo N*, adicionada por fósforo, tem a órbita exterior conjunta, sobrelotada de electrões que leva à tendência da camada de silício *do tipo N* com fósforo adicionado para ceder electrões para levar a órbita comum a um estado normal, portanto, um ânodo combinado de semicondutor de silício e malha metálica, imerso numa solução aquosa de eletrólito, excitado por quatro fotões de luz, "perde" quatro electrões, deixando quatro "buracos" positivamente carregados que atraem quatro electrões de quatro aniões hidroxilo ($4OH^-$) do adjacente dissociado no catião hidrogénio (H^+) e anião hidroxilo (OH^-) da água:

$$H2O \leftrightarrow H^+ + OH, (^{2.3}.1)$$

resultando na formação de duas moléculas de água e uma molécula de oxigénio, que numa solução aquosa de eletrólito toma a forma de bolha de eletrólise de oxigénio, flutuando do cátodo para a superfície livre da solução aquosa de eletrólito:

$$4OH^- - 4e^- = 2H_2 O + O_2 \uparrow (2.3.2)$$

Dois catiões de hidrogénio positivamente carregados $2H^+$ de uma solução aquosa dissociada vizinha, tendo atingido o cátodo negativamente carregado, a carga negativa do cátodo deve-se aos quatro electrões libertados, que fluem de um ânodo combinado de semicondutor de silício e malha metálica através da carga para o cátodo, devolvendo-lhe dois electrões, neutralizando-se em dois átomos de hidrogénio separados, que se encontram num estado livre, ligando-se um ao outro, formando uma molécula de hidrogénio gasoso, que numa solução electrolítica aquosa assume a forma de bolha de eletrólise de hidrogénio, flutuando do cátodo para a superfície livre da solução electrolítica aquosa.

$$2H^+ + 2e^- \rightarrow H_2 \uparrow (2.3.3)$$

Quatro electrões "eliminados" de um ânodo combinado de semicondutor de silício e malha metálica, passando através da *camada do tipo N* de um ânodo combinado de semicondutor de silício e malha metálica, ao longo do circuito elétrico para o cátodo e dois electrões devolvidos ao cátodo por dois catiões de hidrogénio, fazem dele um pólo negativo, e o ânodo, que perde electrões, torna-se um pólo positivo, gerando uma corrente eléctrica constante, dirigida de um ânodo combinado de semicondutor de silício e malha metálica para o cátodo (Figura 33).

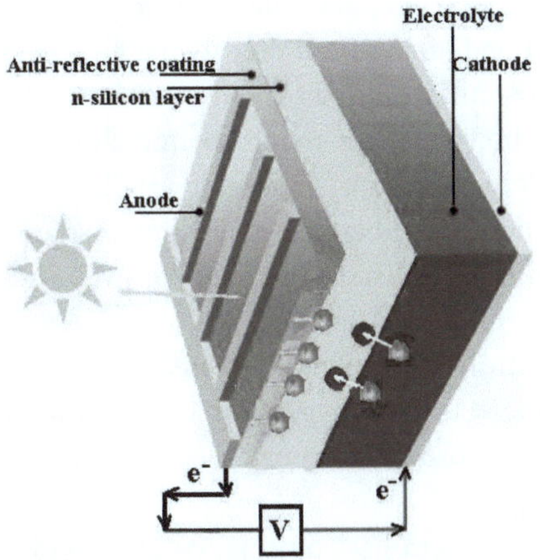

Figura 33: *O ânodo combinado de semicondutor de silício de camada do tipo N e operações de malha metálica sob a ação da luz.*

O autor já referiu que o tamanho e a intensidade da formação de bolhas de hidrogénio carregadas negativamente na eletrólise e de bolhas de oxigénio carregadas positivamente podem ser controlados através do aumento do potencial elétrico dos eléctrodos, fazendo com que as bolhas intensamente formadas sejam tão pequenas quanto o processo tecnológico o exija.

A conclusão acima referida tornou-se a base para o desenvolvimento de um sistema que, numa solução electrolítica aquosa, assume a forma de uma bolha de eletrólise, flutuando do cátodo para a superfície livre da solução electrolítica aquosa.

A caraterística importante do fotoelectrolisador desenvolvido - gerador que produz hidrogénio e oxigénio puros a um preço inferior ao do mercado - é uma base de eletrólise especialmente concebida, incluindo uma membrana de material de mangueira de incêndio, localizada entre um ânodo combinado de semicondutor de silício e malha metálica, e feita de cátodo de grafite queimado, e um mecanismo para ajustar o espaço entre os eléctrodos na parte inferior da célula fotoelectroquímica.

Uma membrana fina de mangueira de incêndio, colocada entre um ânodo combinado de semicondutor de silício e malha metálica e o cátodo numa base de eletrólise, impede a penetração de bolhas de oxigénio de eletrólise, resultantes da atração dos quatro aniões hidroxilo que rodeiam a água dissociada, doando quatro electrões aos quatro "buracos" positivamente carregados, formados pelo impacto de quatro fotões de luz num ânodo combinado de semicondutor de silício e malha metálica, resultando na formação de duas moléculas de água e uma molécula de oxigénio, libertadas sob a forma de uma bolha de gás oxigénio que flutua desde a superfície do semicondutor de silício com um ânodo de malha ligado ao topo de um fotoelectrolisador-gerador e é libertada como uma espuma de gás oxigénio da zona anódica do fotoelectrolisador-gerador através do tubo de saída de oxigénio.

Como resultado da eletrólise, formam-se intensamente bolhas de hidrogénio na zona catódica do fotoelectrolisador-gerador e são removidas sob a forma de espuma de hidrogénio gasoso da zona catódica do fotoelectrolisador através do tubo de hidrogénio.

A localização da base de eletrólise, ou seja, os eléctrodos com uma membrana fina e um mecanismo para ajustar a distância entre eles, na parte inferior do fotoelectrolisador-gerador, conduz, em contraste com as células fotoelectroquímicas existentes atualmente, onde os eléctrodos estão localizados verticalmente, à libertação intensiva de bolhas de hidrogénio e oxigénio sem a utilização de electrólitos dispendiosos.

A disposição dos eléctrodos no sentido vertical, como acontece nas células fotoelectroquímicas com uma solução electrolítica aquosa (Figura 28), ao contrário da base de eletrólise, situada no fundo do fotoelectrolisador, onde, como em todos os aparelhos de electroflotação, os eléctrodos se situam no sentido horizontal, ocupando todo o fundo do aparelho de electroflotação, reduz fortemente a área da secção transversal e aumenta o comprimento da camada condutora entre os eléctrodos.

A eficiência de uma célula fotoelectroquímica ou de um fotoelectrolisador-gerador é determinada pela intensidade da evolução do gás no seu interior.

De acordo com a lei de Faraday, a massa de gás (M), libertada no elétrodo durante o tempo (t), é igual a:

$$M = jigSt \ (2.3.4)$$

em que j - o equivalente eletroquímico do gás (para o hidrogénio $j = 1{,}0 \ 10^{-7} \ \kappa g/ \ (A \cdot s)$; para o oxigénio $j = 8{,}29 \ 10^{-8} \ \kappa g/ \ (A \cdot s)$); i - a densidade de corrente, A/m^2 ; $g = 90\%, \ 95\%$ - débito de corrente (a relação entre a transferência de massa de gás real e a teórica calculada em termos percentuais); S - o quadrado da secção transversal da camada condutora entre os eléctrodos, m^2 .

Uma diminuição acentuada da área da secção transversal e um aumento acentuado do comprimento da camada condutora entre os eléctrodos, em conformidade com (2.3.4), conduz a uma diminuição acentuada da evolução gasosa do hidrogénio e do oxigénio na célula fotoelectroquímica e, consequentemente, a uma diminuição acentuada da eficiência da célula fotoelectroquímica.

Para compensar a redução da evolução gasosa do hidrogénio e do oxigénio numa solução electrolítica aquosa, é utilizado um eletrólito caro (por exemplo, *NaOH*), cuja concentração na solução é de *40%*, o que leva a um aumento acentuado do consumo de energia da célula fotoelectroquímica, atingindo *4,5 kWh/m³* para a produção de hidrogénio.

Uma vantagem significativa do fotoelectrolisador-gerador desenvolvido em relação aos dispositivos de electroflotação existentes é a ausência de eléctrodos na base de eletrólise, que utilizam malhas densas com células pequenas, provocando correntes elevadas da ordem dos *100 amperes* a baixas tensões (*20-30V*).

A explicação para esta vantagem significativa é a seguinte.

Se considerarmos *i* - a densidade de corrente do processo como *I/S*, em que *I* é a corrente direta do processo, então a equação (2.3.4) assumirá a seguinte forma:

$$M = jIgt \ (2.3.5)$$

A equação (2.3.5) mostra claramente que a massa de gás libertada no elétrodo durante o tempo *t* é diretamente proporcional à intensidade da corrente contínua e não depende da área do elétrodo.

No entanto, de acordo com a lei de Ohm, o valor da corrente contínua do processo é diretamente proporcional à tensão do elétrodo (*U*) e inversamente proporcional à resistência do meio interelectrodo (*R*):

$$I = U/R \ (2.3.6)$$

A resistência do meio entre os eléctrodos (*R*), por sua vez, depende da distância entre os eléctrodos (*L*) e do quadrado da secção transversal da camada condutora entre os eléctrodos (*S*), como se segue:

$$R = \rho\frac{L}{S} \tag{2.3.7}$$

Onde ρ - resistividade do meio entre eléctrodos.

Substituindo (2.3.7) por (2.3.6), obtém-se

$$I = (US/\rho L) \quad (2.3.8)$$

Assim, a partir de (2.3.8), pode ver-se que a redução do quadrado da secção transversal da camada condutora entre os eléctrodos da célula fotoelectroquímica (S), no nosso caso uma mudança da forma do elétrodo (semicondutor de silício com ânodo de malha anexado), pode ser compensada pelo aumento da tensão (U) nos eléctrodos para manter a eficácia anterior do trabalho da célula fotoelectroquímica (o conteúdo anterior de gás do sistema - M).

O aumento da tensão nos eléctrodos não só não reduz a eficiência do fotoelectrolisador-gerador, mas também, como já foi referido, assegura a máxima evolução do gás de bolhas de hidrogénio intensamente formadas no cátodo e de oxigénio num semicondutor de silício com um ânodo de malha anexado.

A disposição dos eléctrodos na direção vertical não só reduz drasticamente a área da secção transversal e o comprimento da camada condutora entre os eléctrodos, o que leva a uma diminuição acentuada da evolução do gás e da intensidade da formação de bolhas de eletrólise de hidrogénio e oxigénio, mas também impede a formação e a rápida remoção de bolhas de eletrólise de hidrogénio e oxigénio através de tubos de hidrogénio e oxigénio em conformidade.

As bolhas de hidrogénio ou de oxigénio da eletrólise, que se formam em toda a superfície horizontal do elétrodo ou do ânodo, separam-se da superfície do elétrodo, precipitam-se para cima e são retiradas sob a forma de bolhas de hidrogénio gasoso ou de bolhas de oxigénio do fotoelectrolisador-gerador através dos tubos de hidrogénio ou de oxigénio, devido à força de Arquimedes, que actua numa direção estritamente vertical em relação ao cátodo ou ao ânodo. Nos eléctrodos situados verticalmente, as bolhas de hidrogénio e de oxigénio resultantes flutuam junto ao cátodo e ao ânodo, formando um fluxo estreito devido à força de Arquimedes, que actua tangencialmente ao cátodo ou ao ânodo, impedindo a separação das bolhas de hidrogénio do cátodo ou das bolhas de oxigénio do ânodo.

A produção contínua e durante 24 horas de hidrogénio e oxigénio no gerador de fotoelectrólise é assegurada pela utilização de um LED com uma lâmpada interior de um carregador de luz diurna eletromóvel como carga eléctrica útil, iluminando o ânodo combinado de semicondutor de silício e malha metálica, de noite até de manhã, e enchendo continuamente o gerador de fotoelectrólise com água.

O LED com carregador de luz diurna como carga eléctrica útil é uma lâmpada para iluminar o ânodo durante a noite, incluindo um díodo emissor de luz, uma placa de controlo, um fotoresistor e um vidro de proteção (Figura 34).

O esquema de princípio da placa de controlo das luzes é mostrado na figura 35.

A corrente, gerada pelo fotoelectrolisador - gerador, através do díodo **D1** carrega a bateria (**A**).

O potencial positivo, aplicado à base através da resistência **R1,** "mantém" o transístor **T1** no estado desligado e **o LED D2** não se acende.

Com uma diminuição significativa da iluminação do ânodo, o transístor abre (devido a uma diminuição do potencial positivo, aplicado à base) e liga **o LED D2** à bateria.

O **LED** começa a acender-se, iluminando o ânodo.

O díodo **D1** impede que a bateria se descarregue através do fotoelectrolisador-gerador

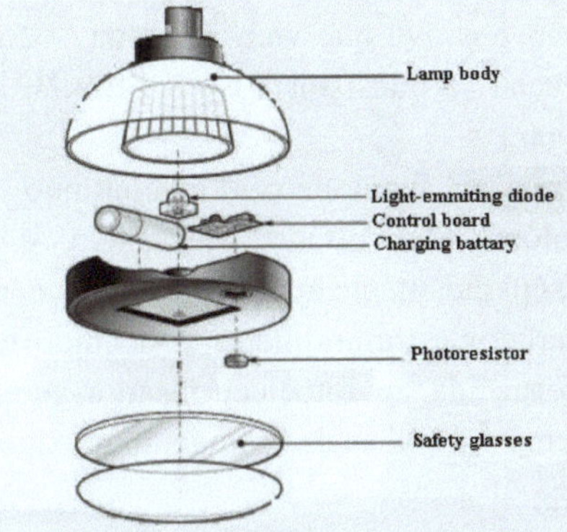

Figura 34: *Uma lâmpada de iluminação como fotoelectrolisador-gerador de carga eléctrica útil para iluminar o ânodo durante a noite*

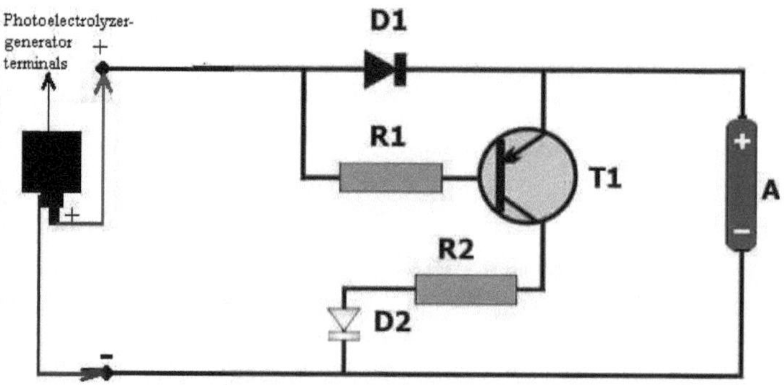

Figura 35: *Esquema do princípio da placa de controlo das lâmpadas*

Ao amanhecer, a tensão positiva que vem da saída "+" do fotoelectrolisador-gerador para a base "fecha" o transístor **T1** e *o LED D2* deixa de acender, e a bateria começa a carregar.

A figura 36 mostra o funcionamento contínuo e ininterrupto do fotoelectrolisador-gerador desenvolvido, que gera e remove bolhas de hidrogénio e oxigénio separadamente através dos tubos correspondentes.

O fotoelectrolisador-gerador estruturalmente concebido tem uma entrada para água continuamente fornecida ao fotoelectrolisador-gerador, e dois tubos de saída separados para remover bolhas de hidrogénio e oxigénio.

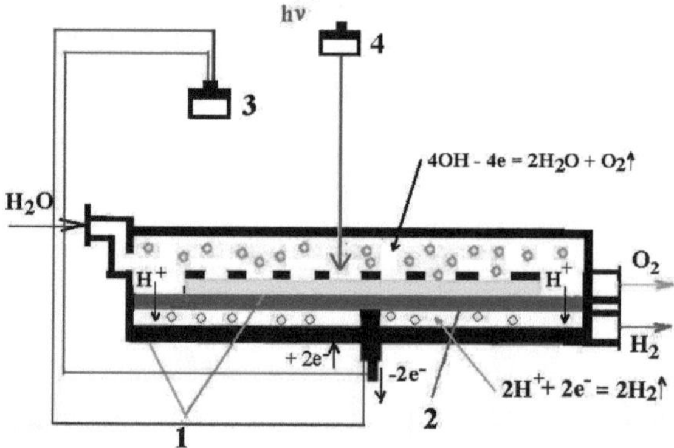

O elemento principal do fotoelectrolisador-gerador desenvolvido é a base de eletrólise (1), feita sob a forma de uma ficha e equipada com um mecanismo especial, feito de material dielétrico, que permite ajustar facilmente a distância interelectrodos.

Acima do cátodo, feito de grafite queimada, está instalado um ânodo combinado de semicondutor de silício e malha metálica, que gera bolhas de oxigénio de eletrólise devido ao impacto de quatro fotões de luz da lâmpada interior do veículo (4) no ânodo combinado de semicondutor de silício e malha metálica, com um dispositivo especialmente concebido que permite ajustar facilmente o tamanho do espaço entre os eléctrodos e localizado ao longo dos bordos do cátodo.

O cátodo está instalado na parte inferior do fotoelectrolisador-gerador.

Entre o ânodo combinado de semicondutor de silício e malha metálica e o cátodo existe uma membrana, feita do material da mangueira de incêndio (2), que impede a penetração das bolhas de oxigénio resultantes na área do cátodo e permite a penetração de catiões de hidrogénio no cátodo para a formação intensiva de bolhas de hidrogénio eletrolítico microdispersas.

A água comum entra continuamente no fotoelectrolisador-gerador.

O fotoelectrolisador-gerador desenvolvido funciona da seguinte forma:

Num fotoelectrolisador-gerador, um ânodo combinado de semicondutor de silício e malha metálica, imerso em água e excitado por quatro fotões de luz de uma lâmpada interior de um veículo, "perde" quatro electrões, deixando quatro "buracos" positivamente carregados que atraem quatro electrões de quatro aniões hidroxilo (*4OH⁻*) da água adjacente, dissociados no catião hidrogénio (*H⁺*) e no anião hidroxilo (*OH⁻*): $H2O \leftrightarrow H^+ + OH^-$, resultando na formação de duas moléculas de água e uma molécula de oxigénio: $4OH^- - 4e^- = 2H_2\,O + O_2\uparrow$.

A molécula de oxigénio, sob a forma de uma bolha de gás oxigénio, flutua do ânodo combinado de semicondutor de silício e malha metálica para o topo do fotoelectrolisador-gerador e é descarregada através do tubo de oxigénio para o cátodo de oxigénio da célula de combustível do carro elétrico.

Dois catiões de hidrogénio positivamente carregados $2H^+$ de uma água dissociada vizinha, tendo atingido o cátodo negativamente carregado, a carga negativa do cátodo deve-se aos quatro electrões libertados, que fluem de um ânodo combinado de semicondutor de silício e malha metálica através da lâmpada (3), incluindo LED com um carregador de bateria de luz do dia, como uma carga eléctrica útil para o cátodo, retornando dois elétrons para ele, neutralizando em dois átomos de hidrogênio separados, estando em um estado livre, conectando-se um ao outro, formando uma molécula de hidrogênio gasoso ($2H^+ + 2e^- \rightarrow H_2 \uparrow$), que em uma água assume a forma de uma bolha de eletrólise, flutuando do cátodo para a membrana, e é descarregada através do tubo de hidrogênio para o ânodo de hidrogênio da célula de combustível do carro elétrico.

Quatro electrões "eliminados" de um ânodo combinado de semicondutor de silício e malha metálica e dois electrões devolvidos ao cátodo por dois hidrogénios

Os catiões geram uma corrente eléctrica constante, dirigida de um ânodo combinado de semicondutor de silício e malha metálica para o cátodo.

A produção contínua e ininterrupta de hidrogénio e oxigénio no fotoelectrolisador-gerador e, por conseguinte, o carregamento contínuo e ininterrupto da pilha de combustível de um veículo elétrico para o seu movimento ininterrupto, é assegurada pela utilização de uma lâmpada (4), incluindo um LED como carga eléctrica útil com um carregador que carrega sob a luz da lâmpada do habitáculo do veículo elétrico, que ilumina o ânodo combinado de semicondutor de silício e malha metálica durante a noite até de manhã e enche constantemente o fotoelectrolisador-gerador com água.

A figura 37 mostra o ciclo completo de produção contínua e ininterrupta de hidrogénio e oxigénio e de carregamento da célula de combustível de um veículo elétrico pelo fotoelectrolisador-gerador desenvolvido, através de: fotoelectrólise de água comum continuamente fornecida pelo depósito; carregamento contínuo da célula de combustível de um veículo elétrico produzida por oxigénio e hidrogénio; utilização de uma lâmpada que inclui um LED com um carregador, que é carregado pela luz de uma lâmpada interior de um veículo elétrico, como carga eléctrica útil e retorno do vapor de água libertado durante o carregamento da célula de combustível para um depósito com água comum.

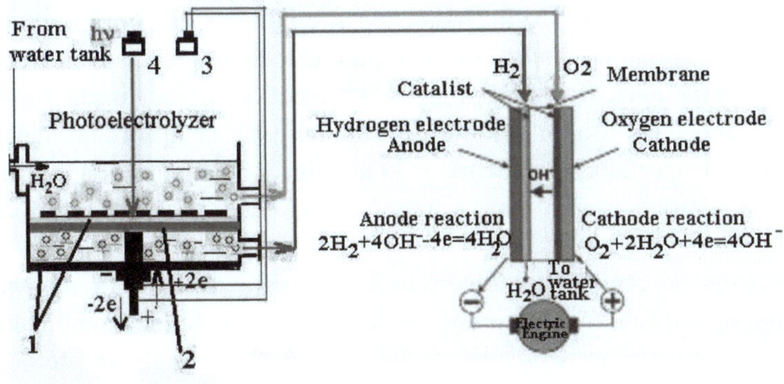

Figura 37: *Ciclo completo de funcionamento contínuo e permanente do fotoelectrolisador-gerador desenvolvido*

Cada um dos eléctrodos da célula de combustível do automóvel é coberto por uma camada de catalisador.

Como resultado, são libertadas quatro cargas positivas no cátodo de oxigénio devido à reação de uma molécula de oxigénio com duas moléculas de água, criando um potencial positivo num dos contactos do motor (no cátodo de oxigénio) e quatro aniões **OH⁻** , que reagem com duas moléculas de hidrogénio no ânodo do elétrodo de hidrogénio, perdendo quatro electrões, criando um potencial negativo no outro dos contactos do motor (no elétrodo de hidrogénio), formando quatro moléculas de água (vapor de água), que regressam ao depósito com água normal, completando o ciclo completo: tanque com água comum + fotoelectrolisador-gerador: formação de hidrogénio gasoso e oxigénio no processo de fotoelectrólise + carregamento ininterrupto da pilha de combustível e funcionamento ininterrupto do motor do carro elétrico + vapor de água + tanque de água comum:

$$O_2 + 2H_2O + 4e^- \rightarrow 4OH^- \rightarrow 2H_2 + 4OH^- - 4e^- \rightarrow 4H_2O_2^-$$

(2.3.9)

A produção contínua e ininterrupta de hidrogénio e oxigénio puros para efeitos de carregamento contínuo e ininterrupto da célula de combustível de um veículo elétrico através da fotoelectrólise da água comum num fotoelectrolisador-gerador especialmente concebido para o efeito revelou uma vantagem em relação a outras células fotoelectroquímicas existentes devido a uma base de eletrólise especialmente concebida, incluindo uma membrana, feita de material de mangueira de incêndio, localizada entre um semicondutor de silício com um ânodo de malha anexado e um cátodo de grafite queimado, um mecanismo para ajustar o espaço entre os eléctrodos, localizado na parte inferior do fotoelectrolisador-gerador e utilizando uma lâmpada que inclui um LED com um carregador, que é carregado pela luz de uma lâmpada interior de um veículo elétrico, como uma carga eléctrica útil do fotoelectrolisador-gerador.

Os parâmetros de regime do fotoelectrolisador para a obtenção de *1m³* de hidrogénio e oxigénio puros foram os seguintes: um ânodo combinado de semicondutor de silício e malha metálica com um quadrado de secção transversal **de 1m²** ; a tensão nos eléctrodos era de *100V* e a corrente eléctrica direta atingia *4A*.

Assim, o fotoelectrolisador desenvolvido utilizou *400W* de energia luminosa da lâmpada interior do veículo elétrico para produzir *1m³* de hidrogénio e oxigénio puros.

A eficiência energética da produção de *1m³* de hidrogénio e oxigénio puros em percentagem do fotoelectrolisador-gerador desenvolvido foi calculada através da seguinte fórmula:

Energia de saída = (Energia de entrada) x 100.

A energia de saída no nosso caso é de *400 watts*, gasta pelo fotoelectrolisador-gerador desenvolvido para obter *1 m³* de hidrogénio e oxigénio puros.

O consumo de energia (***energia de entrada***) no nosso caso é a potência que a lâmpada fornece, cerca de *1300 watts* por metro quadrado (*m²*).

Então, a eficiência energética da produção de *1 m³* de hidrogénio e oxigénio puros, em percentagem, será (**400 watts / 1300 watts**) x *100 = 30,77%*, ou seja, bastante elevada.

Os ensaios demonstraram que a produção contínua e ininterrupta de hidrogénio e oxigénio através da fotoelectrólise da água comum num fotoelectrolisador-gerador especialmente concebido para o carregamento de um veículo elétrico permite o carregamento contínuo e ininterrupto e a manutenção de uma célula de combustível constantemente carregada do motor de um veículo elétrico, o que leva ao funcionamento ininterrupto do motor de um veículo elétrico em ciclo fechado: reservatório com água comum + fotoelectrolisador-gerador: produção contínua e permanente de hidrogénio gasoso e oxigénio no processo de fotoelectrólise + carregamento da pilha de combustível e funcionamento do motor de um veículo elétrico + vapor de água + reservatório com água comum.

Assim, a utilização da fotoelectrólise da água comum com energia luminosa para o funcionamento ininterrupto e contínuo de um motor de automóvel elétrico, através de um novo fotoelectrolisador-gerador especialmente concebido para o efeito, permite a produção ininterrupta e contínua de hidrogénio e oxigénio puros a um preço inferior ao do mercado, que pode ser utilizado num ciclo fechado de funcionamento contínuo e ininterrupto: reservatório de água comum + fotoelectrolisador-gerador: produção contínua e ininterrupta de hidrogénio gasoso e de oxigénio no processo de fotoelectrólise + pilha de combustível carregamento contínuo e ininterrupto do motor do veículo elétrico + vapor de água + reservatório de água convencional.

A produção contínua e ininterrupta de hidrogénio e oxigénio puros e, consequentemente, o carregamento contínuo e ininterrupto da célula de combustível de um veículo elétrico a um preço inferior ao preço de mercado num fotoelectrolisador-gerador, operando em ciclo fechado, é conseguido devido à presença de uma base de eletrólise especialmente concebida no fotoelectrolisador-gerador desenvolvido, localizada na parte inferior do fotoelectrolisador-gerador, incluindo uma membrana, feita de material de mangueira de incêndio, localizada entre um ânodo combinado de semicondutor de silício e malha metálica e um cátodo de grafite queimada; mecanismo de regulação da distância entre os eléctrodos e a lâmpada que inclui um LED com um carregador, que é carregado pela luz de uma lâmpada interior de um veículo elétrico, como carga eléctrica útil do fotoelectrolisador-gerador.

Os ensaios demonstraram que a produção contínua e ininterrupta de hidrogénio e oxigénio através da fotoelectrólise de água normal sob a influência da energia luminosa de uma lâmpada de cabina de um veículo elétrico num fotoelectrolisador-gerador especialmente concebido para o funcionamento ininterrupto e ininterrupto do motor do veículo elétrico permite o carregamento contínuo e ininterrupto e a manutenção de uma célula de combustível constantemente carregada do motor do veículo elétrico, sem necessidade de recarga autónoma.

CONCLUSÃO

1. Todos os métodos e dispositivos tecnológicos avançados anteriormente desenvolvidos pelo autor para a dessalinização, purificação, concentração e produção de hidrogénio e oxigénio gasosos, garantindo o funcionamento ininterrupto de um motor de veículo elétrico, utilizando o processo de eletrólise da água, praticando o impacto da energia dos raios solares num painel solar como fonte de energia.

O autor, juntamente com o desenvolvimento de um mecanismo molecular de conversão da energia do impacto da luz solar sobre um painel solar em energia de eletrólise da água num dessalinizador, electroflotador, electroflotador-concentrador e electroflotador-gerador, desenvolveu um mecanismo para o fluxo contínuo do processo de eletrólise da água nestes dispositivos devido ao impacto alternado da luz solar no painel solar durante o dia e ao carregamento simultâneo da bateria da lâmpada, que inclui um LED, o LED desligado durante o dia, o LED ligado durante a noite, a bateria, e o impacto da luz do LED da lâmpada, alimentada pela bateria carregada da lâmpada, no painel solar durante a noite.

2. A utilização do mecanismo acima descrito teoricamente do processo de eletrólise da água 24 horas por dia, 7 dias por semana, sob a influência da energia luminosa no painel solar, permite ao autor a criação ininterrupta num dessalinizador, electroflotador, electroflotador-concentrador especialmente concebido, alimentado por um painel solar, do processo ininterrupto de eletrólise da água ou de uma solução aquosa, permitindo a geração de bolhas de hidrogénio de eletrólise microdispersas e carregadas negativamente, controladas em tamanho e intensidade de geração, pela tensão fornecida pelo painel solar aos eléctrodos do electroflotador, o que permitiu ao autor desenvolver uma tecnologia avançada de dessalinização ininterrupta; tecnologia avançada de tratamento contínuo das águas residuais da produção galvânica, da produção de leite e da indústria da pasta e do papel; tecnologia avançada de concentração contínua do fitoplâncton da água "verde" do lago num ciclo ecológico fechado, que não só repõe a água doce no lago, como também é eficazmente utilizada para eliminar o dióxido de carbono e o sulfureto de hidrogénio, enriquecer o ambiente com oxigénio e produzir biocombustíveis de alta qualidade; tecnologia avançada de concentração contínua de sumos.

3. A utilização do mecanismo acima descrito, teoricamente, do processo de eletrólise da água 24 horas por dia, 7 dias por semana, sob a influência da energia luminosa no painel solar, permite autorizar a criação de uma eletrólise da água comum 24 horas por dia num electroflotador-gerador de tipo contínuo de duas câmaras especialmente concebido, alimentado pela energia luminosa da lâmpada interior de um veículo elétrico, que actua no painel solar, levou à produção ininterrupta (poupança de energia) e contínua de gases de hidrogénio e de oxigénio que alimentam ininterruptamente (poupança de energia) e continuamente a célula de combustível de um veículo elétrico para o seu funcionamento contínuo e ininterrupto do motor, devido a uma base de eletrólise especialmente concebida do electroflotador-gerador, que inclui uma membrana feita de material de mangueira de incêndio, colocada entre os eléctrodos, e um mecanismo para ajustar o intervalo entre os eléctrodos, localizado na parte inferior de um electroflotador-gerador de duas câmaras especialmente concebido.

O electroflotador-gerador de tipo contínuo de duas câmaras desenvolvido, alimentado pela energia luminosa da lâmpada interior de um veículo elétrico, que actua no painel solar, funciona continuamente em ciclo fechado: tanque com

Gerador de água + hidrogénio: formação de gases de hidrogénio e oxigénio + carregamento da pilha de combustível e funcionamento do motor do veículo elétrico + água gerada + depósito com água normal.

A produção ininterrupta (com poupança de energia) de oxigénio e hidrogénio no electroflotador-gerador e, por conseguinte, o carregamento contínuo ininterrupto da célula de combustível de um veículo elétrico para o seu movimento ininterrupto é assegurado pela utilização de uma lâmpada, que actua sobre o painel solar, como carga eléctrica para o electroflotador-gerador, incluindo um LED com um carregador de luz diurna, que permite, com economia de energia, durante o funcionamento do electroflotador-gerador, iluminar alternadamente o painel solar com a luz interior do veículo elétrico e, quando esta se apaga, com um LED alimentado pela bateria carregada durante o funcionamento da luz interior do veículo elétrico.

4. Todos os métodos e dispositivos tecnológicos anteriormente desenvolvidos pelo autor para a produção de hidrogénio e de gases de oxigénio e para o funcionamento ininterrupto do motor do veículo elétrico, utilizando o processo de eletrólise da água, praticam o efeito dos raios solares ou da influência da lâmpada de iluminação interior do veículo móvel elétrico na combinação do

ânodo de semicondutores de silício e da malha metálica com uma célula grande, imersa em água ordenada no fotoelectrolisador-gerador.

O autor, juntamente com o desenvolvimento de um mecanismo molecular de conversão da energia dos raios solares ou da influência da lâmpada interior do farol do automóvel elétrico sobre o ânodo combinado de semicondutor de silício e malha metálica com célula grande do fotoelectrolisador-gerador na energia da eletrólise da água, desenvolveu um fluxo contínuo do processo de eletrólise da água nestes dispositivos devido ao impacto variável dos raios solares ou da lâmpada interior do farol do automóvel elétrico sobre o ânodo combinado de semicondutor de silício e malha metálica com célula grande, imerso em água ordenada, no fotoelectrolisador-gerador, e simultaneamente carregando a bateria da lâmpada, que inclui um LED, o LED desliga durante o dia, o LED liga à noite, a bateria da lâmpada, e o impacto da iluminação do LED da lâmpada, alimentado pela bateria carregada da lâmpada, no ânodo combinado de semicondutor de silício e malha metálica com célula grande do fotoelectrolisador-gerador, imerso em água ordenada, na energia da eletrólise da água no fotoelectrolisador-gerador durante a noite.

5. A utilização do mecanismo teoricamente descrito acima do processo de fotoelectrólise da água 24/7 sob a influência da energia luminosa no ânodo combinado de semicondutor de silício e malha metálica do fotoelectrolisador-gerador permite ao autor desenvolver a produção contínua e ininterrupta de hidrogénio e oxigénio, utilizando um fotoelectrolisador-gerador desenvolvido, tendo um ânodo localizado horizontalmente, feito de semicondutor de silício e malha metálica com células grandes e cátodo de grafite queimado (base de eletrólise) na parte inferior do fotoelectrolisador-gerador; uma membrana de material de mangueira de incêndio, situada entre os eléctrodos; dispositivo que regula a distância entre os eléctrodos.

A produção contínua e ininterrupta de hidrogénio e oxigénio no fotoelectrolisador-gerador é assegurada pela utilização de uma lâmpada, incluindo um LED com um carregador de baterias à luz do dia com raios solares como carga eléctrica útil, que ilumina o ânodo combinado, feito de semicondutor de silício e malha metálica com células grandes, durante a noite até de manhã, e pelo enchimento contínuo do fotoelectrolisador-gerador com água.

6. A utilização do mecanismo acima descrito teoricamente do processo de fotoelectrólise da água 24/7 sob a influência da energia da luz no ânodo

combinado de semicondutor de silício e malha metálica do fotoelectrolisador-gerador permite ao autor desenvolver um fotoelectrolisador-gerador, alimentado pela energia da luz de uma lâmpada interior de um carro elétrico, produzindo hidrogénio e oxigénio puros, que carrega a célula de combustível de um carro elétrico 24 horas por dia, levando-o a funcionar sem parar.

O hidrogénio e o oxigénio no gerador desenvolvido são produzidos por eletrólise da água comum, continuamente fornecida ao fotoelectrolisador-gerador, a um custo inferior ao preço de mercado, devido a uma base de eletrólise especialmente concebida, incluindo uma membrana de mangueira de incêndio colocada entre os eléctrodos e um mecanismo para ajustar o intervalo entre os eléctrodos, localizado na parte inferior do fotoelectrolisador-gerador.

A produção ininterrupta de oxigénio e hidrogénio no fotoelectrolisador-gerador e, por conseguinte, o carregamento contínuo ininterrupto da célula de combustível de um veículo elétrico para o seu movimento ininterrupto é assegurada pela utilização de uma lâmpada como carga eléctrica para o fotoelectrolisador-gerador, incluindo um LED com um carregador de luz do dia, que permite de uma forma economizadora de energia, durante o funcionamento do fotoelectrolisador-gerador, iluminar alternadamente o fotoelectrolisador-gerador com a lâmpada interior do veículo elétrico e, quando a lâmpada interior do veículo elétrico estiver desligada, com um LED, alimentado pela bateria carregada durante o funcionamento da lâmpada interior do veículo elétrico.

REFERÊNCIAS

1) Shoikhedbrod M. Produção de água doce a partir de água do mar utilizando corrente contínua
Influência na água do mar alimentada por energia solar, International Journal of
Química Analítica e Aplicada, 2023; 9(1): 30-48.

2) Shoikhedbrod M. Electroflotation Treatment of Industrial Wastewater in a
Electroflotador especialmente concebido alimentado por um painel solar, Journal of
Ciências Aplicadas e Avanço, 2023; 1(1): 1-11.

3) Shoikhedbrod M. O processo de eletrólise da "água verde" do lago como um
Gerador para obtenção de concentrado de fitoplâncton, oxigénio e hidrogénio,
Utilização de Dióxido de Carbono e Água Purificada para Reciclagem em Ambiente Fechado
Ciclo Ecológico, Journal of Fluid Mechanics and Mechanical Design, 2022;
4(3): 14-21.

4) Shoikhedbrod M. Concentração de sumo utilizando a eletrólise de sumo gerada por energia solar
células do painel solar, BOHR International Journal of Engineering, 2023; 2(1):
38-42. DOI: 10.54646/bije.2023.16

5) Nelson J. The physics of solar cells, *World Scientific Publishing Company*,
2003.

6) Bagher A., Vahid M., Mohsen M. Tipos de células solares e aplicações,
American Journal of optics and photonics, 2015; 3 (5):94-113.

7) Fraas L., Partain L. Solar cells and their applications, *John Wiley & Sons,*
2010.

8) Strandwitz N.C., Comstock D.J, Grimm R.G., Nielander A.C., Elam J.,
Lewis N.S. Comportamento fotoelectroquímico de eléctrodos de Si (100) do tipo n
revestidas com películas finas de óxido de manganês obtidas por camada atómica
deposição, *The Journal of Physical Chemistry,* 2013; C 117(10): 4931-

4936.

9) Feldmann F., Bivour M., Reichel C., Hermle M., Glunz S.W. Passivated contactos posteriores para células solares de Si do tipo n de elevada eficiência que proporcionam qualidade de passivação da interface e excelentes características de transporte, *Solar energy materials and solar cells*, 2014; 120: 270-274.

10) Kim S., Park J., Phong P.D., Shin C., Iftiquar S.M., Yi. J. Improving the eficiência da célula solar de silício de emissor posterior utilizando um sistema optimizado do tipo n camada de campo de superfície frontal de óxido de silício, *Scientific Reports*, 2018; 8 (1): 1-10.

11) Nielander A.C., Bierman M.J., Petrone N., Strandwitz N.C., Ardo S., Yang F., Hone J., Lewis N.S. Comportamento fotoelectroquímico do Si (111) eléctrodos revestidos com uma única camada de grafema, Journal of the American Chemical Society, 2013; 135 (46): 17246-17249.

yes
I want morebooks!

Buy your books fast and straightforward online - at one of world's fastest growing online book stores! Environmentally sound due to Print-on-Demand technologies.

Buy your books online at
www.morebooks.shop

Compre os seus livros mais rápido e diretamente na internet, em uma das livrarias on-line com o maior crescimento no mundo! Produção que protege o meio ambiente através das tecnologias de impressão sob demanda.

Compre os seus livros on-line em
www.morebooks.shop

Printed by Books on Demand GmbH, Norderstedt / Germany